中等职业学校示范校建设成果教材编审委员会

中等职业学校示范校建设成果教材

机械CAD/CAM

邱锐浩 主编

宁家喜 梁庆波 副主编

化学工业出版社

·北京·

“机械 CAD/CAM”是数控加工专业的核心课程，内容涵盖职业素养、机械制图、二维绘制、三维建模等知识层面。全书共分 10 个任务，分别是认识 CAD 操作环境、绘制二维 CAD 图形、编制零件任务单、轴类零件图绘制、齿轮零件图绘制、盘类零件图绘制、箱体类零件图绘制、CAXA 构建线框造型、CAXA 构建实体造型与曲面造型、数控加工，涵盖了机械 CAD/CAM 的技术能力。

本书可作为中等职业学校数控加工、模具制造等机械类相关专业的教材。

图书在版编目（CIP）数据

机械 CAD/CAM/邱锐浩主编. —北京：化学工业出版社，2015.5（2021.8 重印）
中等职业学校示范校建设成果教材
ISBN 978-7-122-23310-3

Ⅰ. ①机… Ⅱ. ①邱… Ⅲ. ①机械设计-计算机辅助设计-中等专业学校-教材②机械制造-计算机辅助制造-中等专业学校-教材 Ⅳ. ①TH122②TH164

中国版本图书馆 CIP 数据核字（2015）第 049607 号

责任编辑：刘 哲　　装帧设计：王晓宇
责任校对：王素芹

出版发行：化学工业出版社（北京市东城区青年湖南街 13 号　邮政编码 100011）
印　　装：北京科印技术咨询服务有限公司数码印刷分部
787mm×1092mm 1/16 印张 9 字数 232 千字 2021 年 8 月北京第 1 版第 2 次印刷

购书咨询：010-64518888　　售后服务：010-64518899
网　　址：http://www.cip.com.cn
凡购买本书，如有缺损质量问题，本社销售中心负责调换。

定　　价：25.00 元

FOREWORD 前言

本教材从数控加工专业岗位人员职业能力出发，以人力资源和社会保障部最新颁布的《一体化课程教学标准开发技术规程》为指导，应示范校建设数控加工专业教学改革的要求而编写，内容定位紧扣“以学生为中心，以工作任务为载体，以能力为本位，以就业为导向”的职业教学目标，坚持“够用，适用，实用”的原则，按照中职学生职业成长规律，采取任务化的编写方式，把CAD/CAM的工艺知识与CAD/CAM技能有机、有序地结合在一起，改变CAD/CAM教材抽象难懂的状况，提高学生的学习兴趣和效率，最大程度地满足学生就业的需要。

本教材是数控加工专业的核心课程，内容涵盖职业素养、机械制图、二维绘制、三维建模等知识层面。全书共分10个任务，分别是认识CAD操作环境、绘制二维CAD图形、编制零件任务单、轴类零件绘制、齿轮零件图绘制、盘类零件图绘制、箱体类零件图绘制、CAXA构建线框造型、CAXA构建实体造型与曲面造型、数控加工，涵盖了机械CAD/CAM的技术能力。

本教材的基本学习思路是：接到任务和分析任务→学习新知识、新技能→执行任务，绘制零件图→学习过程评价。学生利用网络查询、电子信息资源、教学资源等工具完成学习任务，从而培养学生的职业素养能力、动手操作能力、逻辑思维能力和解决问题的能力。

全书由邱锐浩任主编，宁家喜、梁庆波任副主编，任务一到任务三由邱锐浩编写，任务四到任务七由宁家喜编写，任务八到任务十由梁庆波编写。其他参编人员有陈国林、陈毅波、欧志、谭清、赵炫、谭美坤、张庆新、徐浩长。

本教材在编写过程中得到北京数码大方科技股份有限公司宁良辉及许多专业骨干教师、企业专家、行业专家、职教专家的指导和帮助，谨向他们表示诚挚的谢意。

由于编者水平有限，不妥之处在所难免，恳请读者批评指正。

编者

2015年3月

CONTENTS 目录

任务一 认识 CAD 操作环境

一、工作任务

1. 任务描述

使用 AutoCAD 来绘制减速箱的二维零件图和三维模型图，需要设置通用的绘图界面。要求如下。

(1)设置图层(图 1-1)

状	名称	开.	冻结	锁...	颜色	线型	线宽	透明度	打印...	打.	新.	说明
✓	0				白	Continuous	—— 默认	0	Color_7			
	粗实线层				250	Continuous	—— 0.30 ...	0	Color...			
	细实线层				251	Continuous	—— 0.15 ...	0	Color...			
	点划线层				红	CENTER	—— 0.15 ...	0	Color_1			
	尺寸线层				黄	Continuous	—— 0.15 ...	0	Color_2			

图 1-1　样板图层设置

(2)制定工作界面　修改菜单如图 1-2 所示。

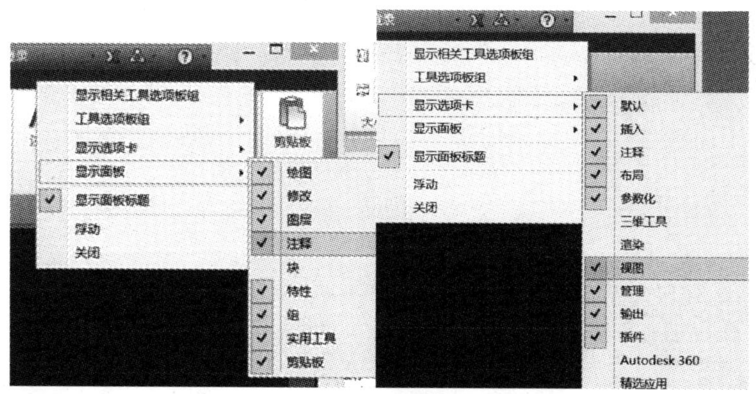

图 1-2　修改菜单

绘图区设置为白色。

2. 工作(学习)要求

要求在学习时，充分利用一体化教室的网络信息，通过查阅、检索来学习网络上 CAD 知识，并做到以下两点要求：

① 熟悉 CAD 的启动、保存、退出，创建文件夹，设置保存路径；

② 熟悉 CAD 的操作界面，能根据所需的功能找到对应的命令。

二、学习目标

① 熟悉 AutoCAD 2014 的软硬件环境、启动、退出、文件管理等方法。

② 了解 AutoCAD 2014 的工作界面、系统配置的修改等。

③ 熟悉常用工具栏和命令基本操作，了解界面的构成和各组成部分的主要用途。

④ 掌握改变作图窗口颜色的方法。

⑤ 能根据工作需要设置图层。

⑥ 能设置 AutoCAD 2014 通用的绘图模板。

三、学时

建议学时：4 学时

四、学习活动

学习活动一　熟悉绘图工作界面

学习活动二　设置图层

学习活动三　定制绘图工作界面

学习活动一　熟悉绘图工作界面

学习目标

① 接受任务，能正确阅读任务书，分析任务书。

② 熟练操作 AutoCAD 2014 的启动、保存、退出。

③ 熟悉 AutoCAD 2014 绘图工作界面。

④ 能主动应用网络学习 AutoCAD 2014，获取有效的 CAD 信息，积极与他人进行有效的沟通。

学习课时

2 学时

学习要点

① 网络学习。

② AutoCAD 2014 的启动、保存、退出。

③ CAD 工作界面。

学习过程

一、自学网学习

打开自学网址：http://www.51zxw.net/study.asp?vip=1922651，找到 AutoCAD 相关内容并学习，完成以下练习。

① AutoCAD是由哪家公司开发的通用计算机辅助绘图与设计软件包?

② AutoCAD具有哪些特点?(简要说明)

③ 1982年12月,美国Autodesk公司首先推出AutoCAD的第一个版本AutoCAD 1.0版,已经进行了近26次的升级,从而使其功能逐渐强大且日趋完善。请填写表1-1年份中所对应的CAD版本。

表1-1 历年CAD版本

序号	年份	AutoCAD版本
1	1982年	AutoCAD 1.0版(样例)
2	1984年	
3	1988年	
4	1997年	
5	1999年	
6	2005年	
7	2007年	
8	2011年	
9	2013年	

二、启动AutoCAD 2014

启动AutoCAD 2014有两种操作方式。

① 进入WindowsXP界面后,用鼠标双击桌面上AutoCAD 2014快捷方式,启动AutoCAD 2014。

② 从任务栏中“开始”→“所有程序”→“AutoCAD 2014”文件夹,启动AutoCAD 2014。

三、AutoCAD 2014的工作界面

AutoCAD 2014的工作界面主要包括标题行、菜单、功能区、绘图区、工具栏(标准、绘图屏幕菜单)、命令提示区、状态栏、滚动条、十字光标等。对照图1-3熟悉AutoCAD 2014的工作界面。

① 点击左上角“AutoCAD 2014”标志,浏览“新建、打开、保存、另存为、输出、发布、打印”等项目内容。

② 点击“主菜单”,浏览“默认、插入、注释、布局、参数化、视图管理、输出、插件”等项目内容。

③ 点击左下角“模型、布局1、布局2”并浏览。

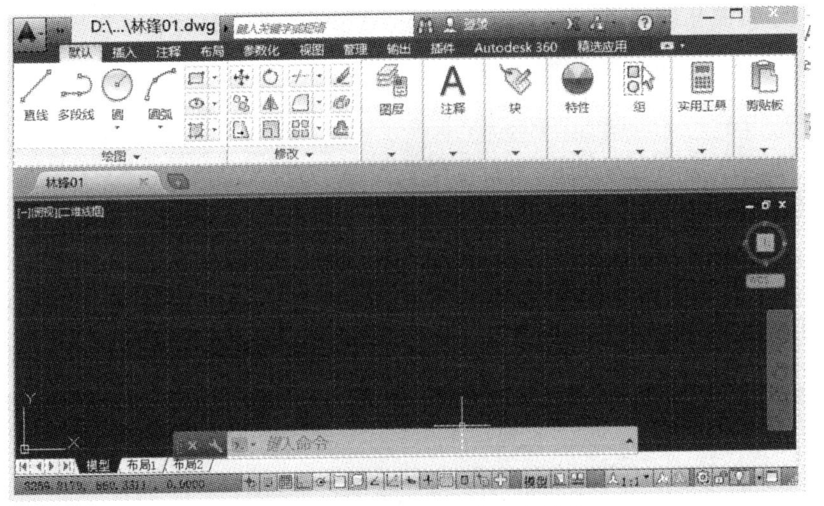

图 1-3 AutoCAD 2014 的工作界面

四、AutoCAD 2014 恢复成早期版本的经典界面模式

如图 1-4 所示，在 AutoCAD 2014 界面上点击“草图与注释”，点击下方的“AutoCAD 经典”，切换成 AutoCAD 经典模式，如图 1-5 所示。

图 1-4 CAD 恢复成早期版本的经典界面的方法

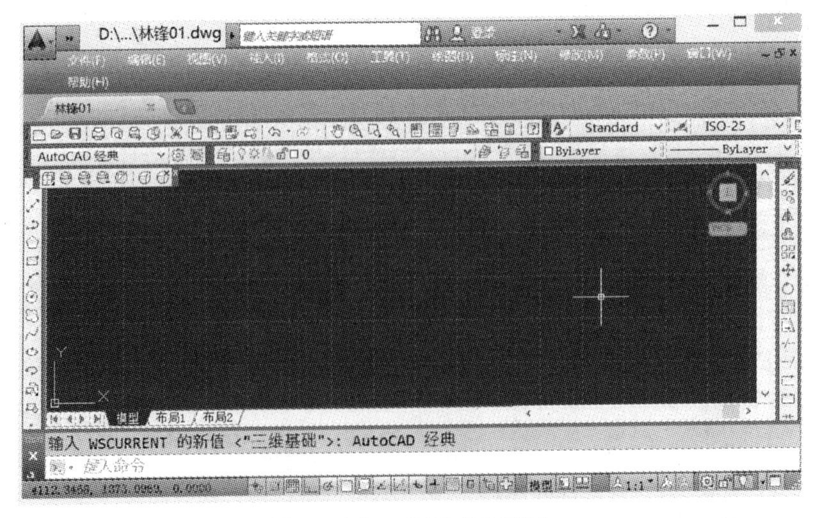

图 1-5 AutoCAD 经典窗口

五、AutoCAD 2014 经典界面模式转成草图界面模式

如图 1-6 所示，在 AutoCAD 2014 界面上点击“AutoCAD 经典”，点击下方的“草图与注释”，切换成 AutoCAD 草图与注释模式。

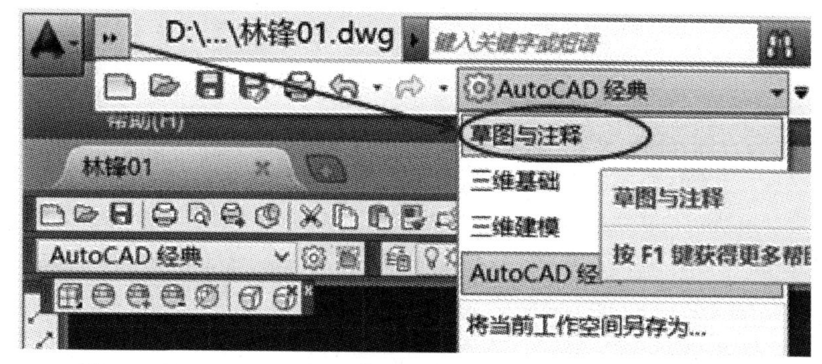

图 1-6　AutoCAD 2014 经典界面模式转成草图界面模式的方法

六、图形文件的管理

分别用“从草图开始”、“使用样板”、“使用向导”三种创建方法新建 CAD 文件，文件名类似图 1-5 中的文件名（林锋 01. dwg）。

七、存储文件

如果文件已命名，点击“保存”时，就会自动保存，无其他提示。

如果文件未命名，第一次进行保存，弹出【图形另存为】对话框，可选择保存目录，选择文件的类型和版本格式，输入文件名，单击【保存】。

八、学习过程评价表

根据本次活动情况，完成表 1-2 中“学生自评”项目。

表 1-2　学习过程评价表

评价项目及标准		配分	评分标准	学生自评	教师评分
职业技能	能否利用网络学习	10	利用网络学习程度		
	工作界面	40	熟悉工作界面操作		
	AutoCAD 2014 的启动、保存、退出	10	能操作 AutoCAD 2014 的启动、保存、退出		
职业素养	出勤情况	10	1. 满勤：10 分 2. 旷课 1 节或迟到（早退）2 次以下：5 分 3. 旷课 1 节或迟到（早退）2 次以上：0 分		
	遵守课堂纪律情况	10	能严格遵守课堂纪律：10 分，能基本遵守课堂纪律：5 分，不能遵守课堂纪律：0 分		
	1. 计划落实情况，有无提问与记录 2. 是否主动参与情况	10	能按计划操作，能主动参与：5～10 分		

续表

评价项目及标准		配分	评分标准	学生自评	教师评分
核心能力	1. 能否认真思考 2. 是否使用基本的文明礼貌用语 3. 能否自我学习及自我管理	10	能认真思考，文明礼貌，自我学习，自我管理：5～10 分		
合计		100	总分		

学习活动二　设置图层

学习目标

① 了解什么是图层，知道图层的作用。

② 熟知图层各项目的含义。

③ 能根据实际需要建立相应的图层。

④ 能主动应用网络学习 AutoCAD 2014，获取有效的 CAD 信息，积极与他人进行有效的沟通。

学习课时

1 学时

学习要点

① 网络学习。

② 图层概念。

③ 建立图层。

学习过程

一、什么是图层?

① 图层是 AutoCAD 中把图形中的对象进行按类分组管理的工具。

② 图层的作用　在 AutoCAD 中，出现在绘图区域的几何图形可能包含许多对象（如图线，文字，符号等），并且各对象的性质（如线宽、线型、颜色等）也可能不同。如果有若干张透明的图纸，在画图时，把不同性质的对象画在不同的透明的纸上，画完后把各张纸整齐地叠在一起，就得到一张完整的图形。这样做可以对图形对象进行分类，便于图形的修改和使用。AutoCAD 的图层就是这样一种技术。

AutoCAD 中的图形可以进行分层管理，可以利用图层的特性（如不同的颜色、线型和线宽）来区分不同的对象。在 AutoCAD 中，一个图形最多能有 32000 层，并且每层上能绘制的对象数没有限制。在使用图层时，最好使同一图层上的对象具有相同的性质，如同一种颜色、同一种线型等，这样便于管理，可提高图形的质量和增加易读性。

二、图层的性质（图 1-6）

① 图层的名称　每个图层都有自己的名称，用以区分不同图层。

② 图层的状态　图层有打开、冻结、锁定三种状态，可以通过对它们进行设置来控制

该层上图形对象的可见性及可编辑性。

③ 图层中的对象颜色　每个图层都应具有一种颜色。

④ 图层的线型　线型是点、横线和空格重复出现组成的图案，可以通过图层指定对象的线型。

⑤ 图层的线宽　可以设置图层的线宽，也可以单独为图层中的某些对象指定线宽。

三、建立图层

建立如图 1-7 所示的图层并保存文件，作为以后画图时的图层模板。

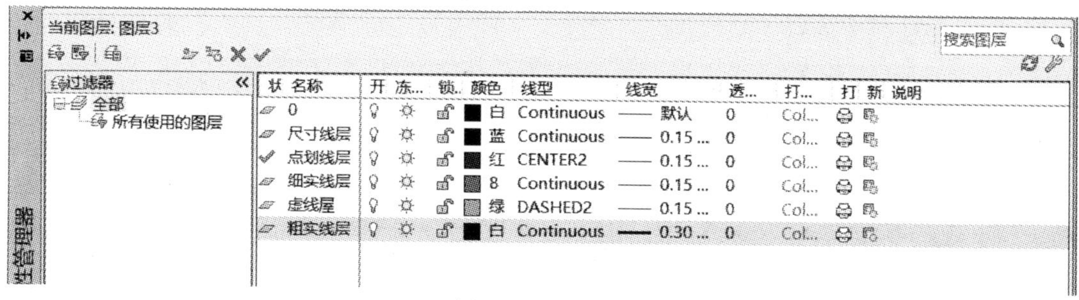

图 1-7　图层设置

操作提示

选择菜单“默认”“图层”框，点击第一个图标“ ”打开图层特性框（图 1-8）。

状	名称	开	冻...	锁..	颜色	线型	线宽	透...	打...	打	新	说明
✓	0				白	Conti...	默认	0	Col...			

图 1-8　图层特性框

点击图层新建图标“ ”创建 5 个图层，如图 1-9 所示。

状	名称	开	冻...	锁..	颜色	线型	线宽	透...	打...	打	新	说明
✓	0				白	Conti...	默认	0	Col...			
	图层1				白	Conti...	默认	0	Col...			
	图层2				白	Conti...	默认	0	Col...			
	图层3				白	Conti...	默认	0	Col...			
	图层4				白	Conti...	默认	0	Col...			
	图层5				白	Conti...	默认	0	Col...			

图 1-9　新建 5 个图层

将图层 1 更名为粗实线层，颜色设置为黑色，线型设置为 Continous，线宽设置为 0.3。

将图层 2 更名为细实线层，颜色设置为灰色，线型设置为 Continous，线宽设置为 0.15。

将图层 3 更名为点画线层，颜色设置为红色，线型设置为 center2，线宽设置为 0.15。

将图层 4 更名为尺寸线层，颜色设置为蓝色，线型设置为 Continous，线宽设置为 0.15。

将图层 5 更名为虚线层，颜色设置为绿色，线型设置为 Continous，线宽设置为 0.15。

四、在图层中绘图

分别在图 1-7 中的 6 个图层中随机绘制一些图形，如粗实线层绘制长方形，细实线层绘制圆，点画线层绘制几条直线，尺寸线层标尺寸，虚线层绘制几条虚线。

五、图层操作学习

打开/关闭图层　“灯泡”图标。

冻结/解冻图层　“太阳”图标。

锁定/解锁　“锁”图标。

六、讨论

在图 1-10 中，各图层分别处于什么状态？（填入表 1-3 中）

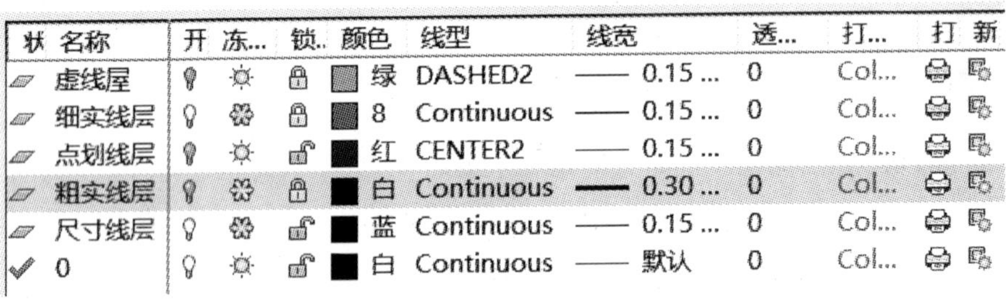

状	名称	开	冻...	锁..	颜色	线型	线宽	透...	打...	打	新
	虚线层				绿	DASHED2	—— 0.15 ...	0	Col...		
	细实线层				8	Continuous	—— 0.15 ...	0	Col...		
	点划线层				红	CENTER2	—— 0.15 ...	0	Col...		
	粗实线层				白	Continuous	—— 0.30 ...	0	Col...		
	尺寸线层				蓝	Continuous	—— 0.15 ...	0	Col...		
✓	0				白	Continuous	—— 默认	0	Col...		

图 1-10　图层状态图

表 1-3　图层状态表

序号	图层名	打开/关闭	冻结/解冻	锁定/解锁
1	虚线层			
2	细实线层			
3	点画线层			
4	粗实线层			
5	尺寸线层			
6	0 层			

七、学习过程评价表

根据本次活动情况，完成表 1-4 中“学生自评”项目。

表 1-4　学习过程评价表

评价项目及标准		配分	评分标准	学生自评	教师评分
职业技能	图层设置	10	图层设置正确		
	建立图层	10	能建立图层		
	图层应用	40	能根据需要灵活应用图层		

续表

评价项目及标准		配分	评分标准	学生自评	教师评分
职业素养	出勤情况	10	1. 满勤:10 分 2. 旷课 1 节或迟到(早退)2 次以下:5 分 3. 旷课 1 节或迟到(早退)2 次以上:0 分		
	遵守课堂纪律情况	10	能严格遵守课堂纪律:10 分,能基本遵守课堂纪律:5 分,不能遵守课堂纪律:0 分		
	1. 计划落实情况,有无提问与记录 2. 是否主动参与情况	10	能按计划操作,能主动参与:5～10 分		
核心能力	1. 能否认真思考 2. 是否使用基本的文明礼貌用语 3. 能否自我学习及自我管理	10	能认真思考,文明礼貌,自我学习,自我管理:5～10 分		
合计		100	总分		

学习活动三　定制绘图工作界面

学习目标

① 了解用户界面中选项卡的项目，知道各项目的设置方法。

② 能根据绘图需要设置绘图界面。

③ 能主动应用网络学习 AutoCAD 2014，获取有效的 CAD 信息，积极与他人进行有效的沟通。

学习课时

1 学时

学习要点

① 用户界面中选项卡。

② 设置绘图界面。

学习过程

一、将绘图区设置成白色界面

操作提示

点击菜单中“视图”，在“用户界面”框上点击左下角 ↘ 图标，打开“显示”选项对话框。

点击“颜色”图标 颜色(C)... ，颜色选择白色。点击 应用并关闭(A) 。

二、在选项卡中浏览菜单项目及内容

文件 | 显示 | 打开和保存 | 打印和发布 | 系统 | 用户系统配置 | 绘图 | 三维建模 | 选择集 | 配置 | 联机

三、将“图层特性”、“绘图”、“修改”工具条调出桌面

操作提示

如图 1-11 所示，“用户界面” → “工具栏” → “AutoCAD”，在弹出的菜单中，将想要显示的工具条项目选中（打上钩）即可。

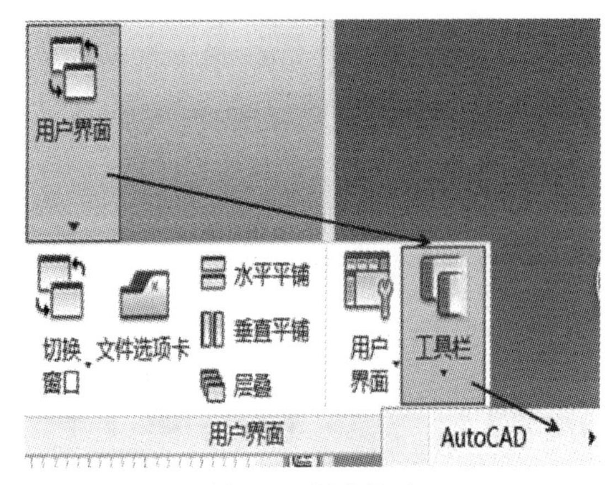

图 1-11 用户界面

根据“学习活动二”建立相应的图层。

保存，作为以后绘制 AutoCAD 的模板。

四、学习过程评价表

根据本次活动情况，完成表 1-5 中“学生自评”项目。

表 1-5 学习过程评价表

评价项目及标准		配分	评分标准	学生自评	教师评分
职业技能	用户界面中选项卡	20	熟悉户界面中选项卡操作		
	设置绘图界面	40	能根据需要设置绘图界面		
职业素养	出勤情况	10	1. 满勤:10 分 2. 旷课 1 节或迟到(早退)2 次以下:5 分 3. 旷课 1 节或迟到(早退)2 次以上:0 分		
	遵守课堂纪律情况	10	能严格遵守课堂纪律:10 分,能基本遵守课堂纪律:5 分,不能遵守课堂纪律:0 分		
	1. 计划落实情况,有无提问与记录 2. 是否主动参与情况	10	能按计划操作,能主动参与:5～10 分		

续表

评价项目及标准		配分	评分标准	学生自评	教师评分
核心能力	1. 能否认真思考 2. 是否使用基本的文明礼貌用语 3. 能否自我学习及自我管理	10	能认真思考，文明礼貌，自我学习，自我管理：5～10 分		
合计		100	总分		

任务二 绘制二维 CAD 图形

一、工作任务

接到一外来零件技术图（图 2-1），需要用 AutoCAD 绘制并打印。绘制图样要达到如下要求。

① 图层清晰（中心线为一层，颜色为红色，点画线，线宽 0.15。其余轮廓线层为一层，颜色为黑色，粗实线，线宽 0.3。尺寸线为一层，颜色为蓝色，细实线，线宽 0.15。文字图表为一层，颜色为黑色，细实线，线宽 0.15）。

② 本任务只要求完成图样的图形绘制，其他项目在下一个任务中完成。

③ 要求在学习时，充分利用一体化教室的网络信息，通过查阅、检索来学习网络上 CAD 知识，掌握 CAD 二维绘图指令和二维编辑指令。

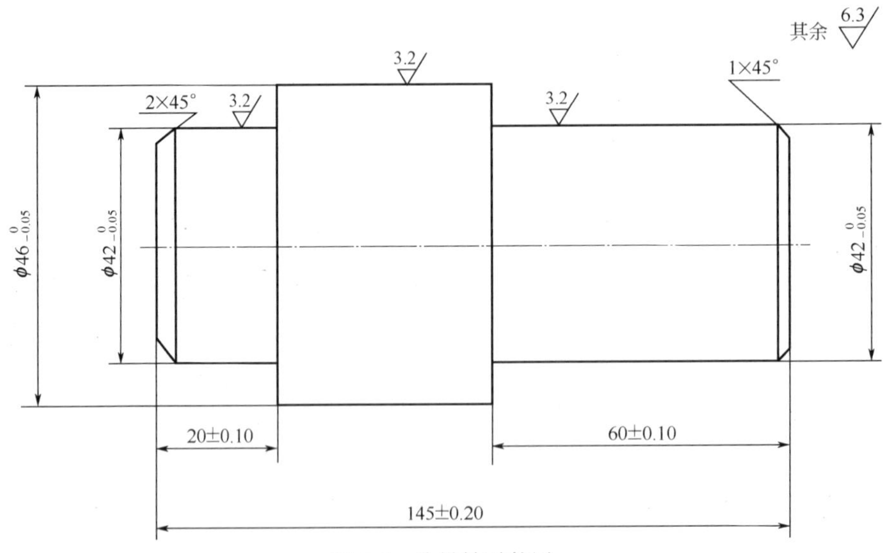

图 2-1　阶梯轴零件图

二、学习目标

① 熟悉 AutoCAD 2014 的二维绘图指令和二维编辑指令。

② 能根据技术图纸要求绘制零件的二维图形。

③ 能利用编辑指令协助绘图。
④ 能综合运用知识，绘制出本任务的零件图。
⑤ 能通过网络、CAD 软件的帮助，参考书籍等媒体，学会 CAD 二维绘图方法。
⑥ 能积极与他人进行有效的沟通。

三、学时

建议学时：10 学时

四、学习活动

学习活动一　二维绘图指令应用
学习活动二　二维编辑指令应用
学习活动三　尺寸标注
学习活动四　平面图形绘制

学习活动一　二维绘图指令应用

学习目标

① 学习直线、圆、圆弧、矩形、多边形、椭圆等指令，并能应用这些指令完成相应图形的绘制。

② 能主动应用网络学习 AutoCAD 2014，获取有效的 CAD 信息，积极与他人进行有效的沟通。

学习课时

2 学时

学习要点

① 网络学习。
② 二维绘图指令。

学习过程

一、自学网学习

打开自学网址：http://www.51zxw.net/study.asp?vip=1922651，找到 AutoCAD 相关内容并学习。

二、二维绘图指令应用

① 学习直线指令，并用直线指令完成图 2-2 绘制。
② 学习矩形指令，并用矩形指令完成图 2-3 绘制。
③ 学习圆指令，并用圆指令完成图 2-4 绘制。
④ 学习圆弧指令，并用直线、圆弧指令完成图 2-5 绘制。
⑤ 学习多边形指令，并用圆、多边形指令完成图 2-6 绘制。
⑥ 学习椭圆指令，并用椭圆指令完成图 2-7 绘制。

⑦ 学习图案填充指令，并用直线、图案填充指令完成图 2-8 绘制。

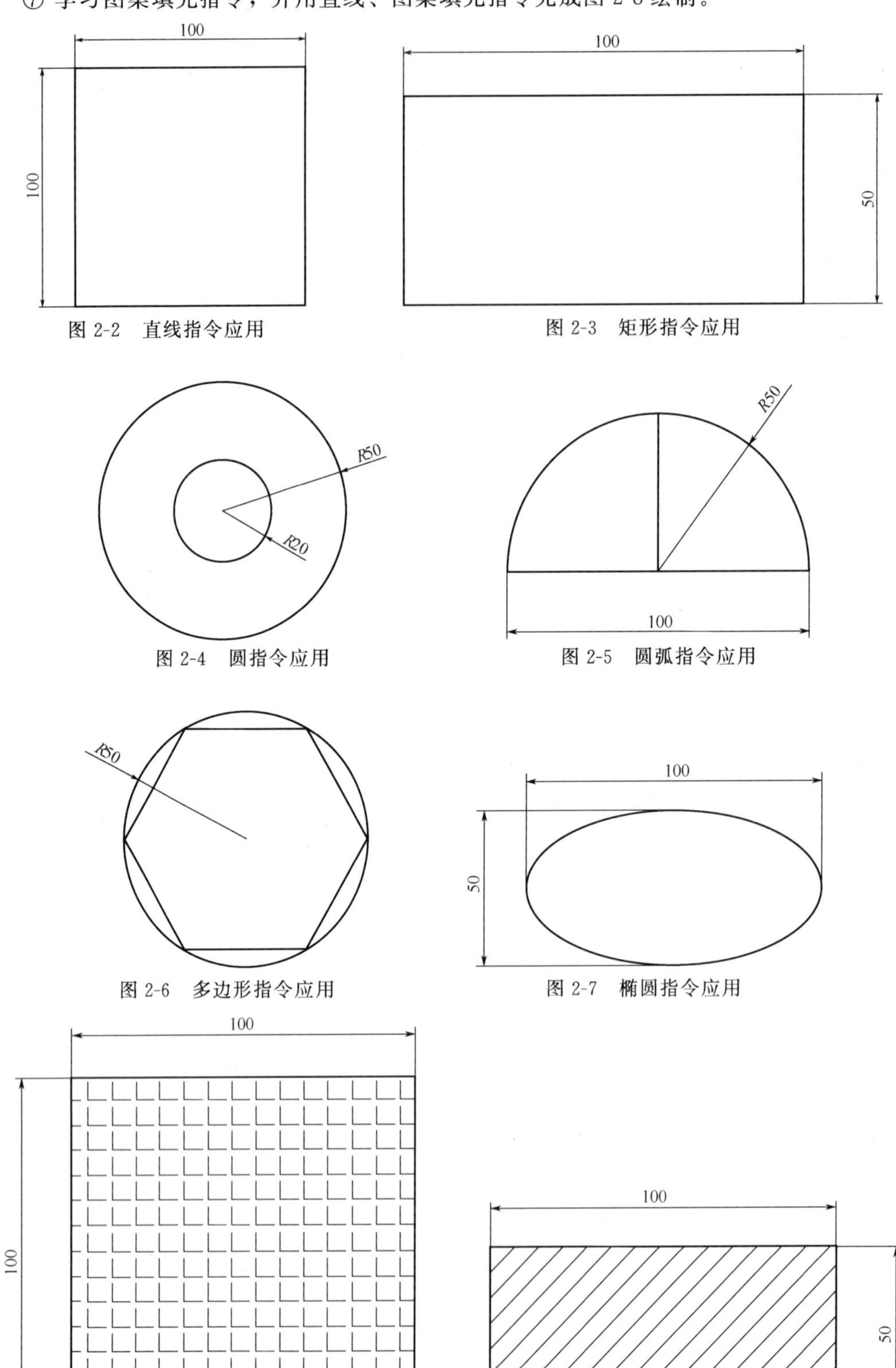

图 2-2　直线指令应用

图 2-3　矩形指令应用

图 2-4　圆指令应用

图 2-5　圆弧指令应用

图 2-6　多边形指令应用

图 2-7　椭圆指令应用

图 2-8　图案填充指令应用

三、学习过程评价表

根据本次活动情况，完成表 2-1 中“学生自评”项目。

表 2-1　学习过程评价表

评价项目及标准		配分	评分标准	学生自评	教师评分
职业技能	命令的使用	10	绘图命令使用是否正确		
	命令参数的理解	10	能否正确理解绘图命令		
	样例完成情况	40	各图形样例完成程度		
职业素养	出勤情况	10	1. 满勤：10 分 2. 旷课 1 节或迟到（早退）2 次以下：5 分 3. 旷课 1 节或迟到（早退）2 次以上：0 分		
	遵守课堂纪律情况	10	能严格遵守课堂纪律：10 分，能基本遵守课堂纪律：5 分，不能遵守课堂纪律：0 分		
	1. 计划落实情况，有无提问与记录 2. 是否主动参与情况	10	能按计划操作，能主动参与：5～10 分		
核心能力	1. 能否认真思考 2. 是否使用基本的文明礼貌用语 3. 能否自我学习及自我管理	10	能认真思考，文明礼貌，自我学习，自我管理：5～10 分		
合计		100	总分		

学习活动二　二维编辑指令应用

学习目标

① 学习删除、修剪、镜像、旋转、复制等指令，并能应用这些指令完成相应图形的修改。

② 能主动应用网络学习 AutoCAD2014，获取有效的 CAD 信息，积极与他人进行有效的沟通。

学习课时

2 学时

学习要点

① 网络学习。

② 二维编辑指令。

一、二维编辑指令应用

① 学习删除指令，先绘制 A 图，再用删除指令将 A 图改为 B 图（图 2-9）。

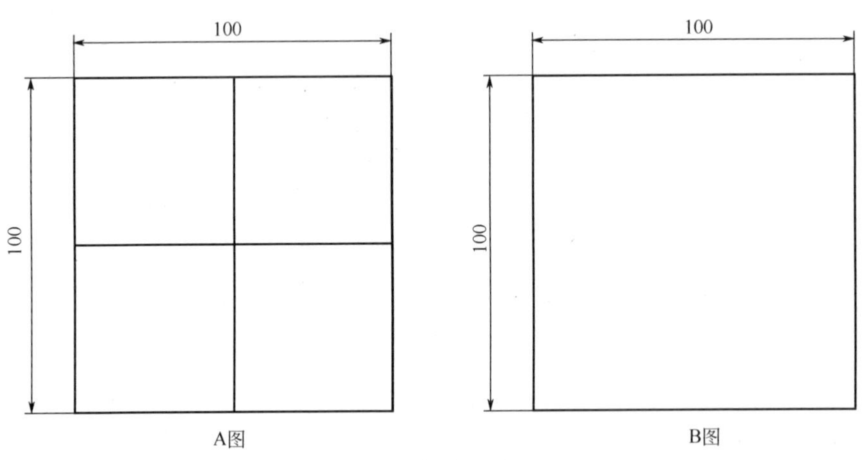

图 2-9　删除指令应用

② 学习修剪指令，先绘制 A 图，再用修剪指令将 A 图改为 B 图（图 2-10）。

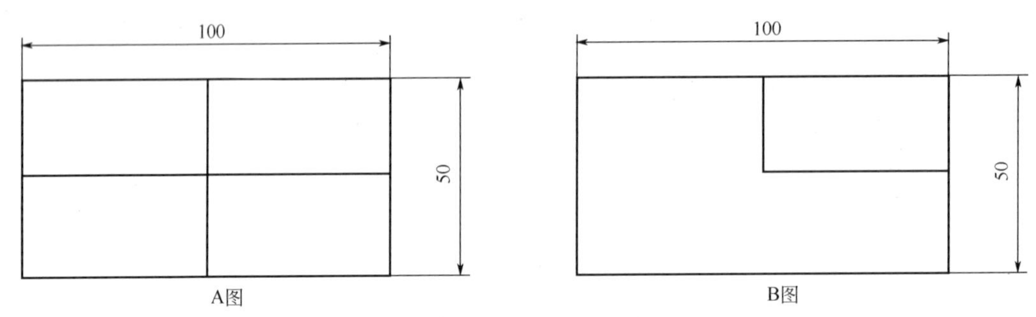

图 2-10　修剪指令应用

③ 学习镜像指令，先绘制 A 图，再用镜像指令将 A 图改为 B 图（图 2-11）。

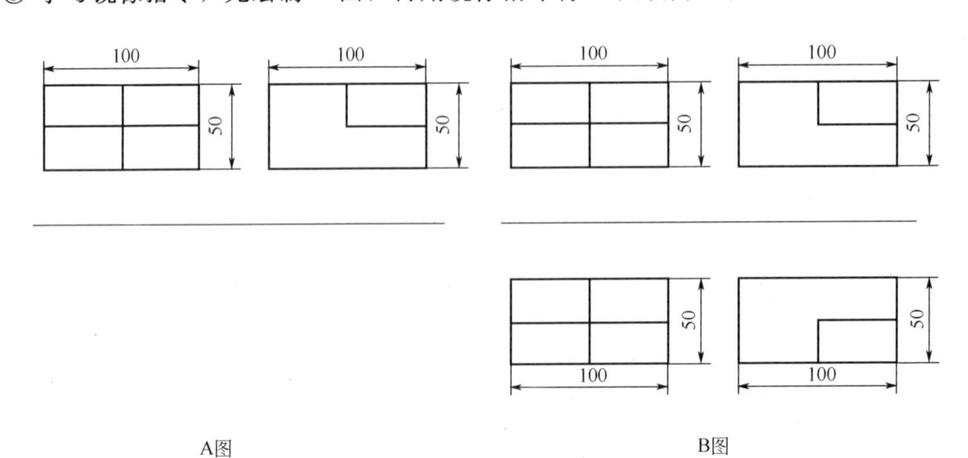

图 2-11　镜像指令应用

④ 学习旋转指令，将 A 图改为 B 图（图 2-12）。

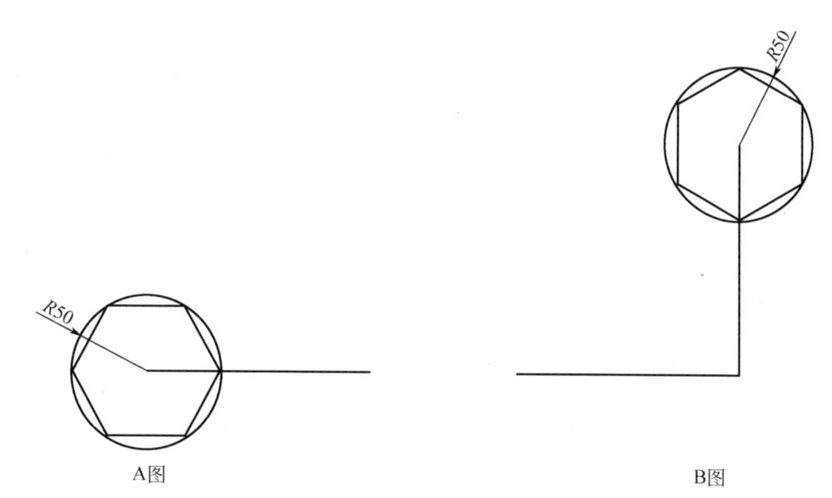

图 2-12　旋转指令应用

⑤ 学习复制指令，将 A 图改为 B 图（图 2-13）。

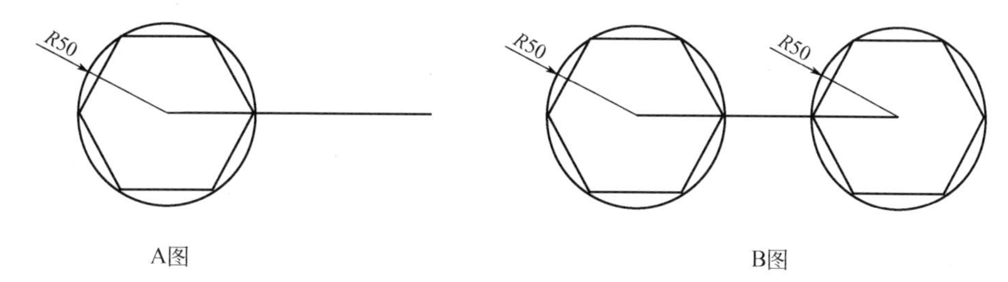

图 2-13　复制指令应用

二、学习过程评价表

根据本次活动情况，完成表 2-2 中“学生自评”项目。

表 2-2　学习过程评价表

评价项目及标准		配分	评分标准	学生自评	教师评分
职业技能	编辑命令的使用	10	编辑命令使用正确		
	编辑命令操作方法	10	方法是否适当		
	样例	40	编辑样例完成程度		
职业素养	出勤情况	10	1. 满勤：10 分 2. 旷课 1 节或迟到（早退）2 次以下：5 分 3. 旷课 1 节或迟到（早退）2 次以上：0 分		
	遵守课堂纪律情况	10	能严格遵守课堂纪律：10 分，能基本遵守课堂纪律：5 分，不能遵守课堂纪律：0 分		
	1. 计划落实情况，有无提问与记录 2. 是否主动参与情况	10	能按计划操作，能主动参与：5～10 分		

续表

评价项目及标准		配分	评分标准	学生自评	教师评分
核心能力	1. 能否认真思考 2. 是否使用基本的文明礼貌用语 3. 能否自我学习及自我管理	10	能认真思考,文明礼貌,自我学习,自我管理:5~10分		
合计		100	总分		

学习活动三　尺寸标注

① 学习尺寸标注的要素，设置尺寸要素，设置文字、公差等。

② 学习形位公差设置，掌握形位公差标注。

③ 能对零件图进行尺寸标注。

学习课时

2 学时

学习要点

① 尺寸标注的要素。

② 形位公差标注。

③ 标注尺寸。

一、学习 CAD 尺寸样式

一个完整的尺寸一般由以下四要素组成：

① 尺寸界线；

② 尺寸线；

③ 尺寸文本（A0、A1 号图纸的字高为 5mm，A2、A3、A4 号图纸的字高为 3.5mm)；

④ 箭头。

AutoCAD 系统将尺寸界线、箭头、尺寸线、尺寸文本构成一个整体，以“块”的形式存储在图形文件中。

二、学习尺寸标注样式设置

① 浏览图 2-14，然后选择“修改”进入尺寸设置。

② 打开“线”对话框，浏览“尺寸线”、“尺寸界线”，如图 2-15 所示。

③ 浏览“符号和箭头”内容，选择适合的箭头和大小，如图 2-16 所示。

④ 浏览“文字”并修改文字高度，如图 2-17 所示。

⑤ 浏览主单位，并将单位精度设置为 0.00，如图 2-18 所示。

⑥ 浏览公差，并将公差方式设置为对称。上偏差输入相应值。如图 2-19 所示。

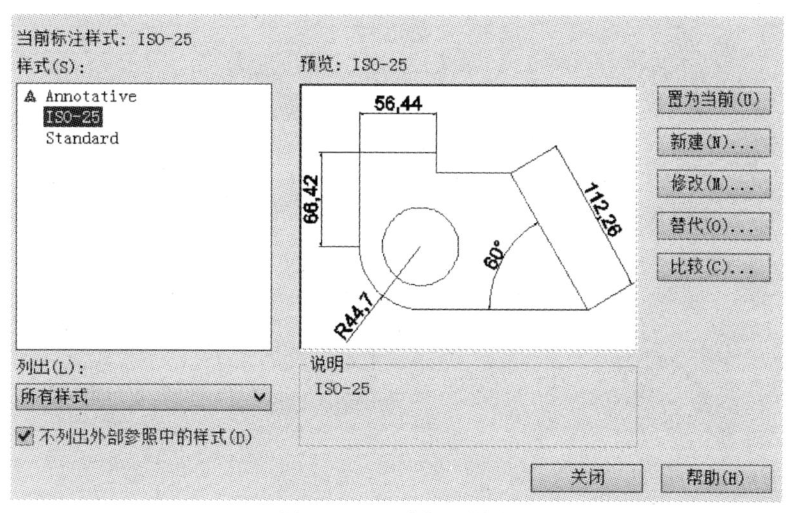

图 2-14　尺寸标注样式

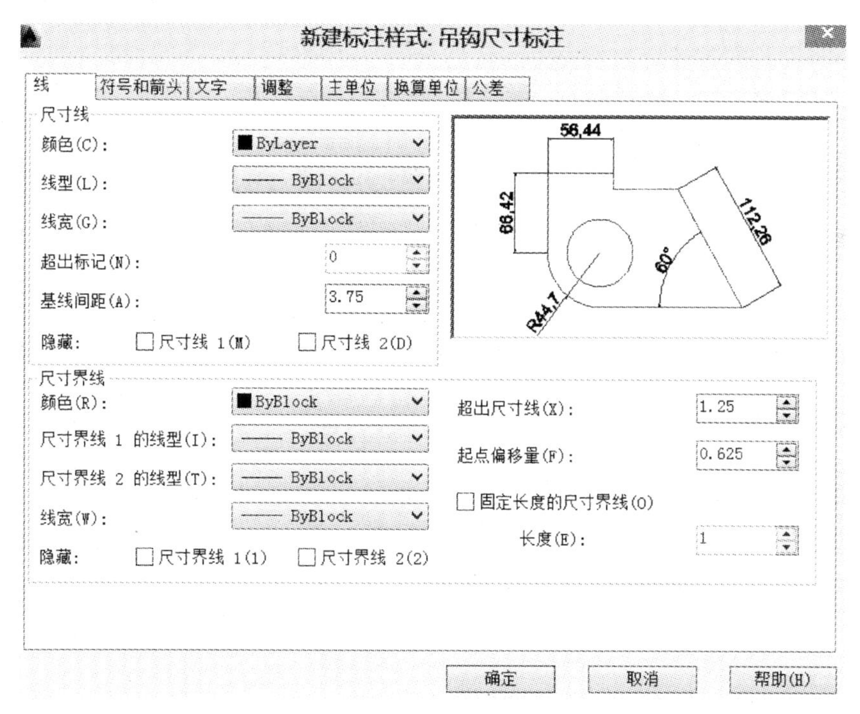

图 2-15　“线”对话框

三、练习

根据以下要求设置标注样式：将尺寸线、尺寸界线、尺寸数字设置为红色；尺寸数字的高度设置为 10；精度设置为 3 位小数；公差方式设置为极限偏差；上偏差为 0.02；下偏差为－0.03，公差垂直位置“中”；前缀为“ϕ”直径符号。绘制和标注如图 2-20 所示的尺寸。

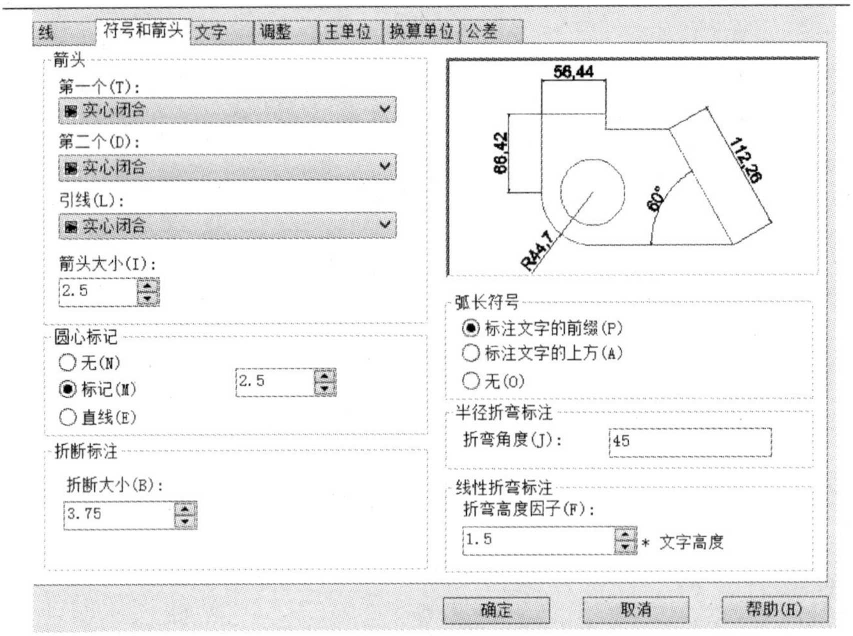

图 2-16 “符号和箭头”对话框

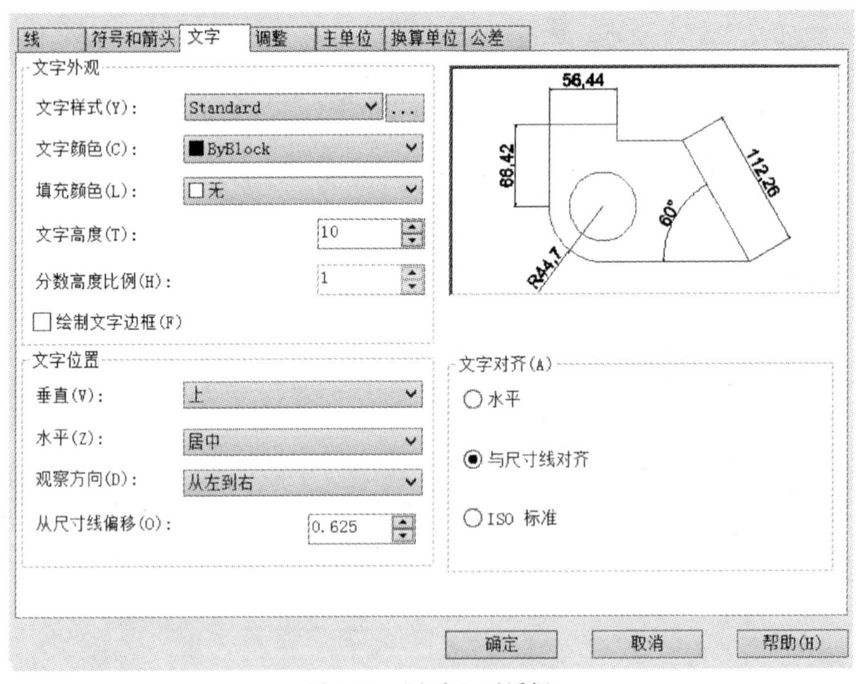

图 2-17 “文字”对话框

四、标注形位公差

点击形位公差符号“⊕1”，打开如图 2-21 所示，标形位公差为“| ϕ0.03 | A-B |”。

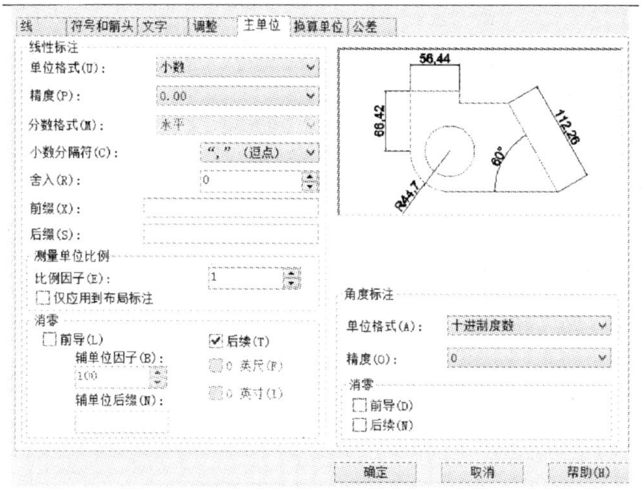

图 2-18 “主单位”对话框

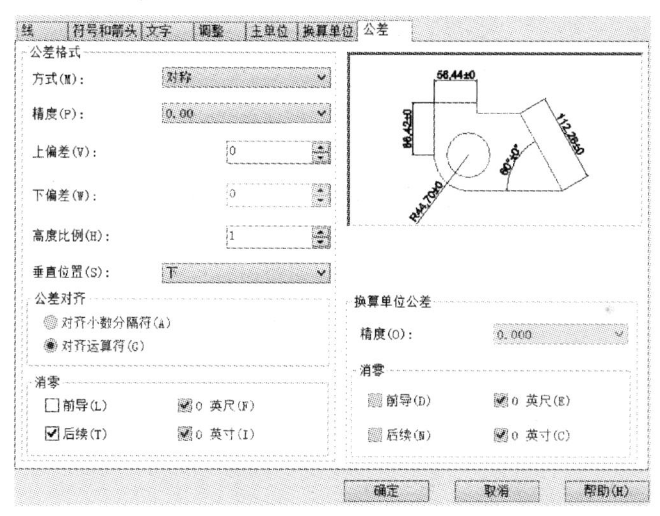

图 2-19 “公差”对话框

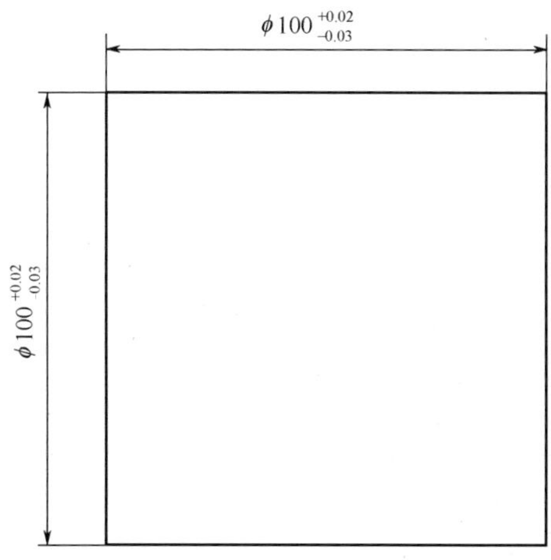

图 2-20 “练习”尺寸

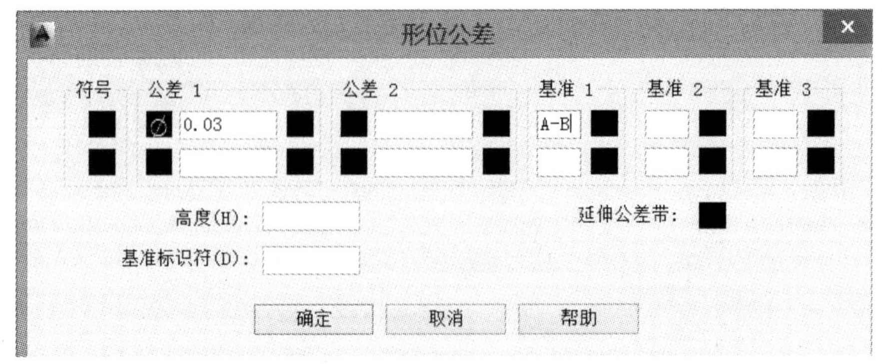

图 2-21 “形位公差”对话框

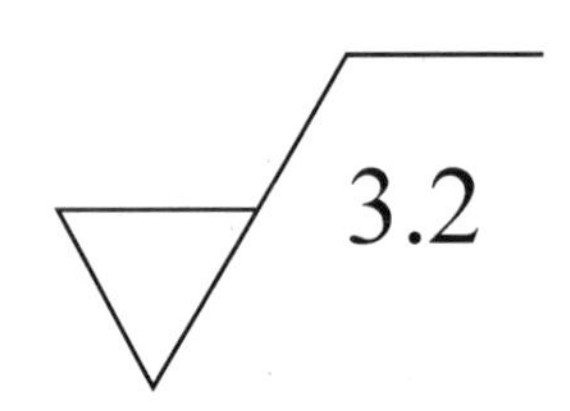

图 2-22 表面粗糙度标注块

五、创建表面粗糙度标注块（图 2-22）

第一步 按图 2-23 所示尺寸绘制图形。

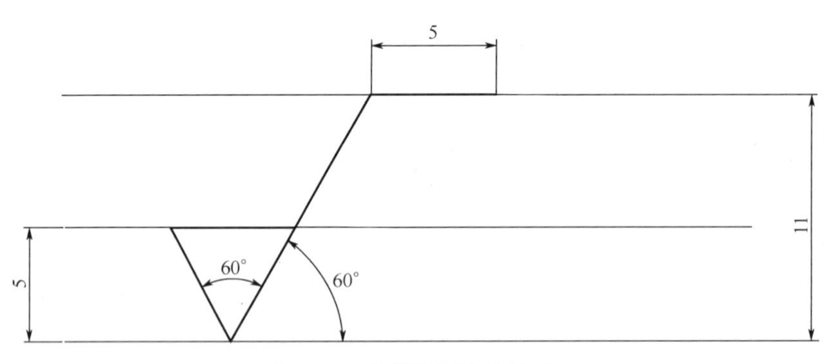

图 2-23 粗糙度标注块尺寸

第二步 选择“插入”菜单，在块定义中点击“属性定义”。在图 2-24 中设置，标记设置“Ra”提示设置为“输入粗糙度值”，默认值设置为“3.2”。

第三步 打开“块定义”如图 2-25 所示，设置“拾取点”。设置“选择对象”时，选择 4 条线段及 Ra，按“确定”。

第四步 “插入”、“块插入”。打开图 2-26 对话框，点击“确定”后，在屏幕上指定位置，转入图 2-27 中，设置 Ra 值，按“确定”即可完成。

六、学习过程评价表

根据本次活动情况，完成表 2-3 中“学生自评”项目。

属性定义

模式

不可见(I)

固定(C)

验证(V)

预设(P)

锁定位置(K)

多行(U)

插入点

在屏幕上指定(O)

X: 0

Y: 0

Z: 0

属性

标记(T): Ra

提示(M): 输入表面粗糙度值

默认(L): 3.2

文字设置

对正(J): 左对齐

文字样式(S): Standard

注释性(N)

文字高度(E): 2.5

旋转(R): 0

边界宽度(W): 0

在上一个属性定义下对齐(A)

确定　取消　帮助(H)

图 2-24　“属性定义”对话框

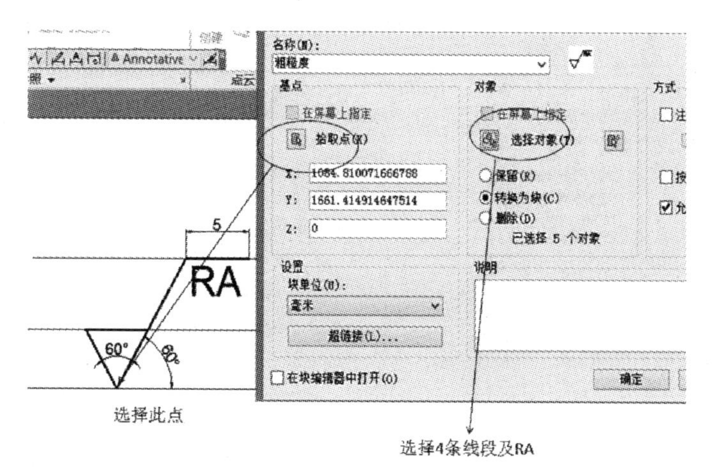

图 2-25　“块定义”对话框

插入

名称(N): 粗糙度　浏览(B)...

路径:

使用地理数据进行定位(G)

插入点

在屏幕上指定(S)

X: 0

Y: 0

Z: 0

比例

在屏幕上指定(E)

X: 1

Y: 1

Z: 1

统一比例(U)

旋转

在屏幕上指定(C)

角度(A): 0

块单位

单位: 毫米

比例: 1

分解(D)

确定　取消　帮助(H)

图 2-26　“插入”对话框

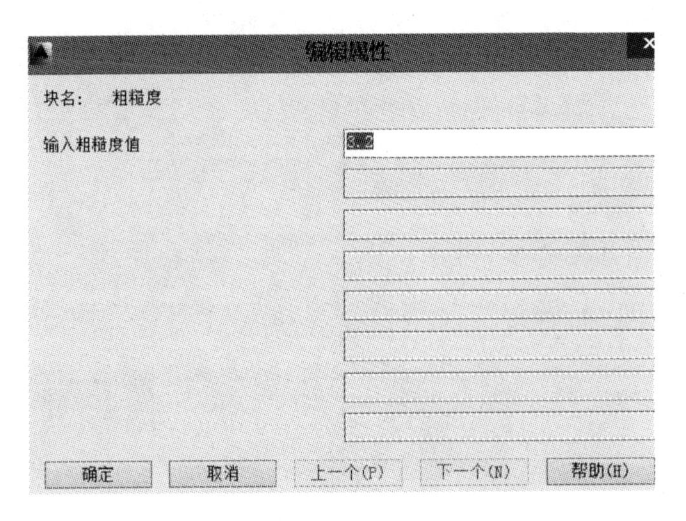

图 2-27 “编辑属性”对话框

表 2-3 学习过程评价表

评价项目及标准		配分	评分标准	学生自评	教师评分
职业技能	尺寸标命令的使用	10	尺寸标注使用正确		
	尺寸标注方法	10	方法是否适当		
	尺寸样例	40	尺寸样例完成程度		
职业素养	出勤情况	10	1. 满勤:10 分 2. 旷课 1 节或迟到(早退)2 次以下:5 分 3. 旷课 1 节或迟到(早退)2 次以上:0 分		
	遵守课堂纪律情况	10	能严格遵守课堂纪律:10 分,能基本遵守课堂纪律:5 分,不能遵守课堂纪律:0 分		
	1. 计划落实情况,有无提问与记录 2. 是否主动参与情况	10	能按计划操作,能主动参与:5～10 分		
核心能力	1. 能否认真思考 2. 是否使用基本的文明礼貌用语 3. 能否自我学习及自我管理	10	能认真思考,文明礼貌,自我学习,自我管理:5～10 分		
合计		100	总分		

学习活动四　平面图形绘制

学习目标

① 能综合应用二维绘图指令绘图。

② 能应用编辑指令辅助绘图。

③ 能主动应用网络学习 AutoCAD 2014，获取有效的 CAD 信息，积极与他人进行有效的沟通。

学习课时

4 学时

学习要点

① 二维绘图指令应用。
② 编辑指令应用。
③ 综合图形。

学习过程

一、完成本任务零件图绘制（图 2-1）

不标尺寸，绘制完成后保存，下一个任务学习时再调用。
提示：①设置图层；②绘制轮廓线；③倒角。

二、绘制吊钩平面图（图 2-28）

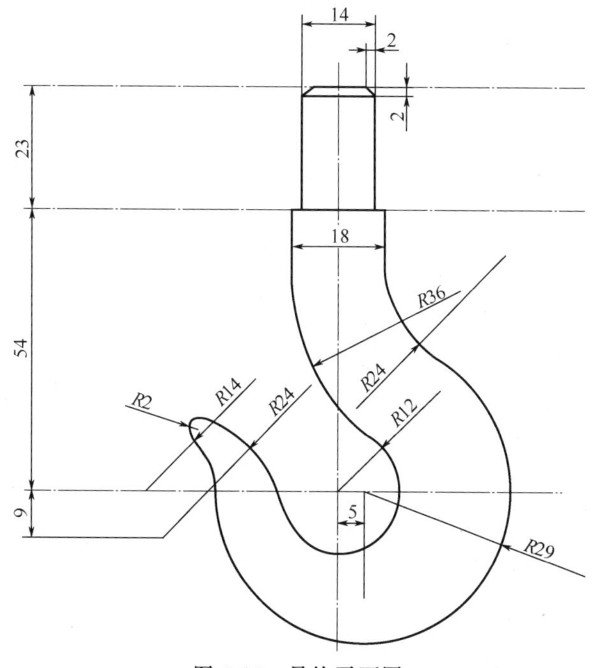

图 2-28　吊钩平面图

三、绘制挂轮架平面图（图 2-29）

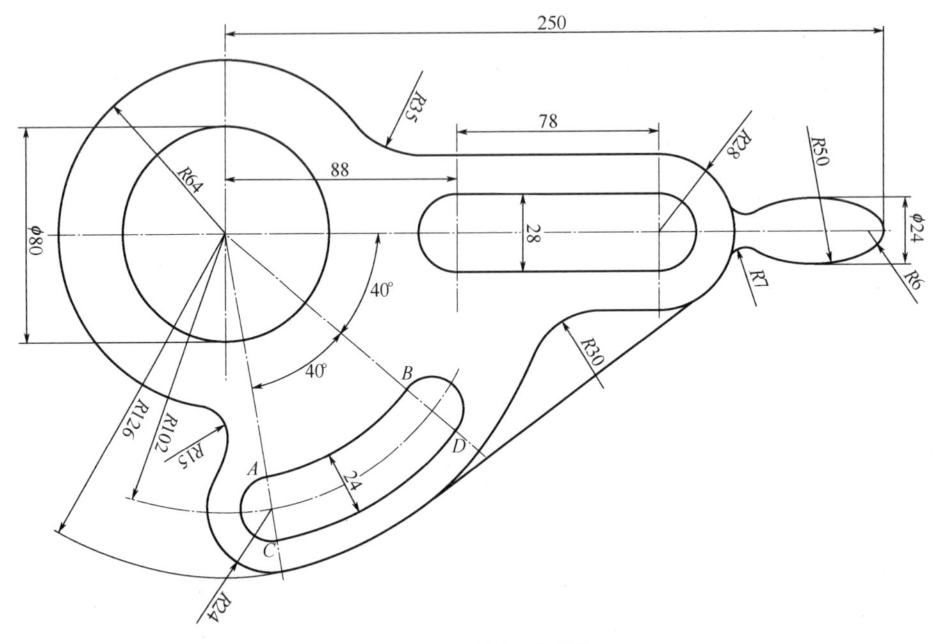

图 2-29 挂轮架平面图

四、绘制扳手轮廓图（图 2-30）

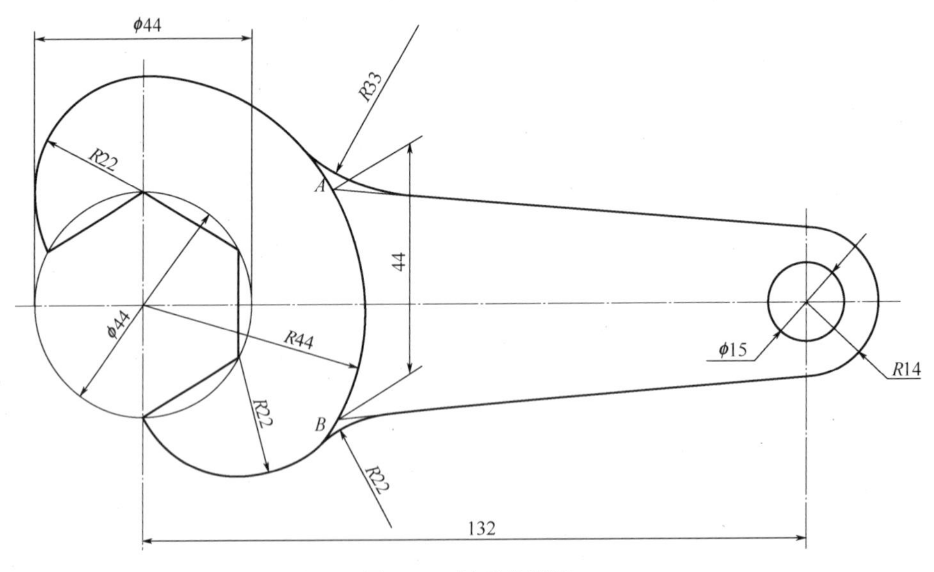

图 2-30 扳手轮廓图

五、学习过程评价表

根据本次活动情况，完成表 2-4 中“学生自评”项目。

表 2-4　学习过程评价表

评价项目及标准		配分	评分标准	学生自评	教师评分
职业技能	命令的综合使用情况	10	能否选用合适的命令正确		
	尺寸标注	10	标注正确		
	样例的完成度	40	样例完成程度		
职业素养	出勤情况	10	1. 满勤:10 分 2. 旷课 1 节或迟到(早退)2 次以下:5 分 3. 旷课 1 节或迟到(早退)2 次以上:0 分		
	遵守课堂纪律情况	10	能严格遵守课堂纪律:10 分,能基本遵守课堂纪律:5 分,不能遵守课堂纪律:0 分		
	1. 计划落实情况,有无提问与记录 2. 是否主动参与情况	10	能按计划操作,能主动参与:5～10 分		
核心能力	1. 能否认真思考 2. 是否使用基本的文明礼貌用语 3. 能否自我学习及自我管理	10	能认真思考,文明礼貌,自我学习,自我管理:5～10 分		
合计		100	总分		

任务三 编制零件任务单

一、工作任务

接到一外来零件技术图（图 3-1），需要用 AutoCAD 绘制并打印。要求如下：根据任务二所示的图样，增加技术要求、标题栏及加工工艺，完成零件技术图纸设置。

（1）技术图

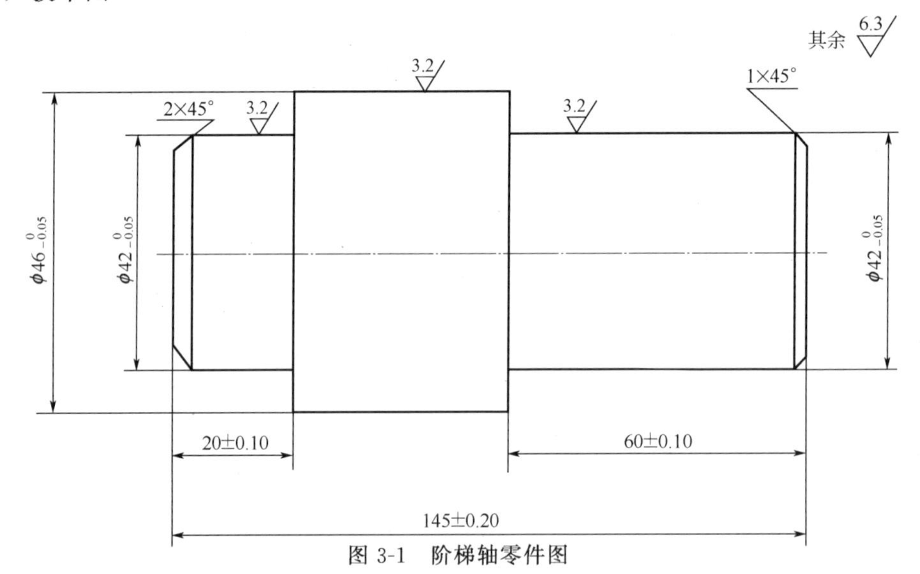

图 3-1　阶梯轴零件图

（2）技术要求

① 严禁使用砂布、锉刀修光。

② 去毛刺，C0.3。

③ 标题栏（表 3-1）

表 3-1　标题栏

阶梯轴零件			材料	45 钢	比例	1∶1
			数量	80	图号	A-01
制图	×××	2015.1.25	×××××学校××专业			
审核	×××	2015.1.30	×××班			

④ 加工工艺

一、先加工左边		
工艺内容	切削用量	工具
1. 装夹工件，伸出长约 100mm		
2. 车端面	n=800r/min　f=0.2mm/r　a_p=1mm	T0100
3. 倒角 2×45°	n=800r/min　f=0.2mm/r　a_p=2mm	T0100
4. 车外圆 ϕ42×20	n=800r/min　f=0.2mm/r　a_p=2mm	T0100
5. 车外圆 ϕ46×67	n=800r/min　f=0.2mm/r　a_p=2mm	T0100
二、调头装夹（加工右边）		
6. 车端面，取总长	n=800r/min　f=0.2mm/r　a_p=1mm	T0100
7. 倒角 2×45°	n=800r/min　f=0.2mm/r　a_p=2mm	T0100
8. 车外圆 ϕ42×60	n=800r/min　f=0.2mm/r　a_p=2mm	T0100

二、学习目标

① 熟悉 AutoCAD 2014 的文本操作，能录入相应的文本。
② 熟悉 AutoCAD 2014 的表格操作，能制定相应的表格。
③ 能利用文本和表格知识完成本任务技术要求、标题栏、加工工艺文书的制定。
④ 能通过网络、CAD 软件的帮助，参考书籍等媒体，学习 CAD 的文本表格知识。
⑤ 能积极与他人进行有效的沟通。

三、学时

建议学时：6 学时

四、学习活动

学习活动一　文本编辑
学习活动二　表格制作
学习活动三　编制零件任务单

学习活动一　文本编辑

① 学习文本属性设置，能根据需要设置对应的文本属性。
② 学习单行、多行文本录入，能完成各类文本输入。
③ 能主动应用网络学习 AutoCAD 2014，获取有效的 CAD 信息，积极与他人进行有效的沟通。

学习课时

2 学时

学习要点

① 网络学习。

② 文本属性设置。

③ 单行、多行文本录入。

学习过程

一、在 CAD 中输入文字

CAD 种文字的输入分两个步骤进行。

1. 设置文字样式操作

依次打开“默认”→“注释”→“standard”→“管理文字样式”，打开如图 3-2 所示的对话框。

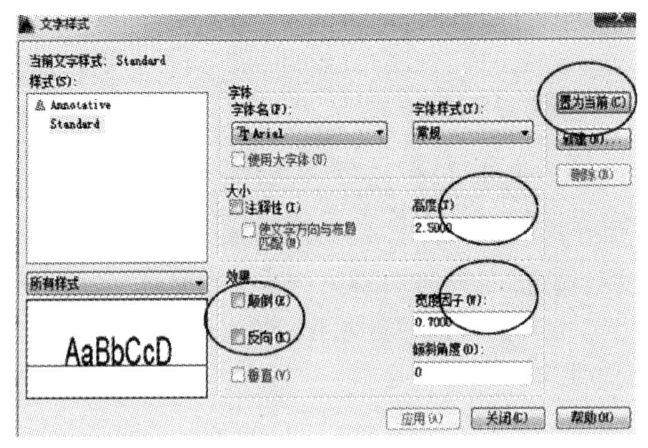

图 3-2　文字样式

在图 3-2 文字样式中，设置高度、宽度因子，置为当前。

2. 启动单行或多行文字命令，输入文字

在设置好文字样式后，启动单行文字或多行文字，如图 3-3 所示，即可输入文字。

图 3-3　多行文字编辑器

在多行文字编辑器中，根据需要设置样式、设置字体、设置段落等操作。

二、使用单行文字命令

输入下列文本。

广西玉林高级技工学校

数控加工专业

机械CAD/CAM

三、使用多行文字命令

输入下列文本。

CAD（Computer Aided Design）是计算机辅助设计的英文缩写，是利用计算机强大的图形处理能力和数值计算能力，辅助工程技术人员进行工程或产品的设计与分析，达到理想的目的，并取得创新成果的一种技术。自1950年计算机辅助设计（CAD）技术诞生以来，已广泛地应用于机械、电子、建筑、化工、航空航天以及能源交通等领域，产品的设计效率飞速地提高。现已将计算机辅助制造技术（Computer Aided Manufacturing，CAM）和产品数据管理技术（Product Data Management，PDM）及计算机集成制造系统（Computer Integrated Manufacturing System，CIMS）集于一体。

产品设计是决定产品命运的研究，也是最重要的环节，产品的设计工作决定着产品75%的成本。目前，CAD系统已由最初的仅具数值计算和图形处理功能的CAD系统发展成为结合人工智能技术的智能CAD系统（ICAD）（Intelligent CAD）。21世纪，ICAD技术将具备新的特征和发展方向，以提高新时代制造业对市场变化和小批量、多品种要求的迅速响应能力。

以智能CAD（ICAD）为代表的现代设计技术、智能活动是由设计专家系统完成。这种系统能够模拟某一领域内专家设计的过程，采用单一知识领域的符号推理技术，解决单一领域内的特定问题。该系统把人工智能技术和优化、有限元、计算机绘图等技术结合起来，尽可能多地使计算机参与方案决策、性能分析等常规设计过程，借助计算机的支持，设计效率有了大大地提高。

四、练习

在AutoCAD 2014中输入下列文本

30° 60° 90°

Ø20 Ø30 Ø50

$Ø40^{+0.02}_{-0.03}$ Ø20±0.03

提示：%%d——度数，%%c——直径，%%p——正负，%%DC——温度。
例如45°——45%%即可。

五、学习过程评价表

根据本次活动情况，完成表3-2中“学生自评”项目。

表3-2 学习过程评价表

评价项目及标准		配分	评分标准	学生自评	教师评分
职业技能	命令的使用	10	文字命令正确		
	文字书写	10	书写正确，错一个或少一个扣1分		
	文字输入样例	40	文字输入样例完成程度		

续表

评价项目及标准		配分	评分标准	学生自评	教师评分
职业素养	出勤情况	10	1. 满勤:10 分 2. 旷课 1 节或迟到(早退)2 次以下:5 分 3. 旷课 1 节或迟到(早退)2 次以上:0 分		
	遵守课堂纪律情况	10	能严格遵守课堂纪律:10 分,能基本遵守课堂纪律:5 分,不能遵守课堂纪律:0 分		
	1. 计划落实情况,有无提问与记录 2. 是否主动参与情况	10	能按计划操作,能主动参与:5~10 分		
核心能力	1. 能否认真思考 2. 是否使用基本的文明礼貌用语 3. 能否自我学习及自我管理	10	能认真思考,文明礼貌,自我学习,自我管理:5~10 分		
合计		100	总分		

学习活动二　表格制作

学习目标

① 学习表格设置，能设置对应的表格属性。

② 学习表格制定，能制作各类表格。

③ 能主动应用网络学习 AutoCAD 2014，获取有效的 CAD 信息，积极与他人进行有效的沟通。

学习课时

2 学时

学习要点

① 网络学习。

② 表格属性设置。

③ 表格制定。

学习过程

AutoCAD 尽管有强大的图形功能，但表格处理功能相对较弱，而在实际工作中，往往需要在 AutoCAD 中制作各种表格，如工程数量表等。如何高效制作表格，是一个很实用的问题。

一、制作表格

点击表格图标，启动插入表格对话框（图 3-4）。

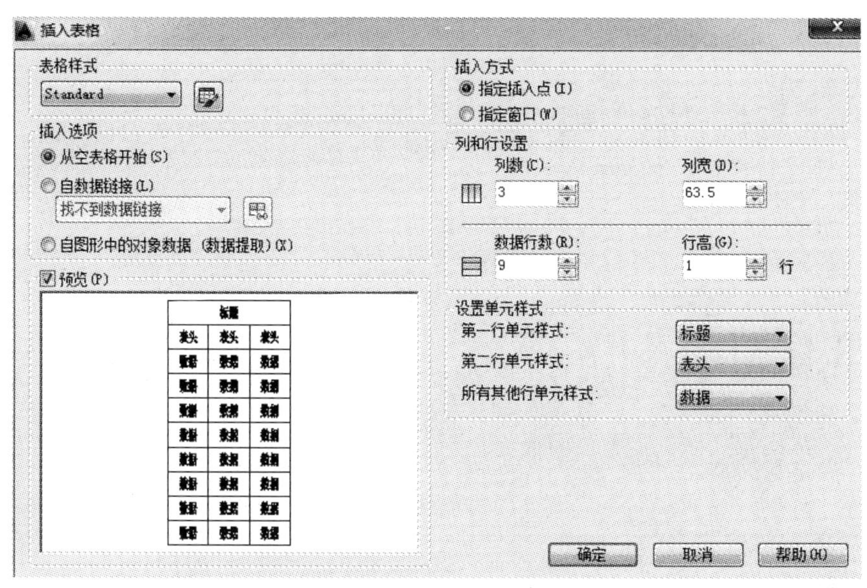

图 3-4　CAD 插入表格参数设置

在图 3-4 中设置列数、列宽、行数、行高，点击“确定”得到表 3-3 中的表格。

表 3-3　表格样式

对表 3-3 中表格的行高、列宽进行调整。调整方法：选中要调整的表格，光标移动左右上下中间的四个蓝色点，鼠标左键按住拖动到合适位置，即可调整（表 3-4）。

表 3-4　表格调整

	A	B	C
1			
2			
3			
4			
5			

在表 3-4 中输入相应的文字项目，如表 3-5 所示。

表 3-5 加工工艺文件

加工工艺		
工艺内容	切削用量	刀具
装夹工件伸出长约 100mm		T0101
车端面	n=800r/min　a_p=1.5mm　f=0.2mm	T0101
倒角 1×45°	n=800r/min　a_p=1.5mm　f=0.2mm	T0101

二、制作标题栏

利用表格绘制、文字输入、块操作制作标题栏。

按图 3-5 中的尺寸绘制标题栏图框。

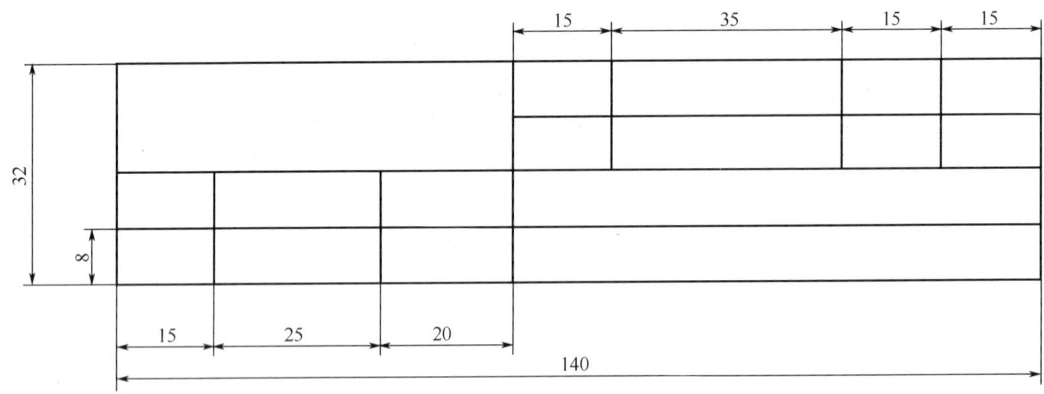

图 3-5 标题栏尺寸

在图 3-5 中输入固定文本（制图、审核、材料、数量、比例、图号）（图 3-6）。

			材料		比例	
			数量		图号	
制图						
审核						

图 3-6 标题栏文本

“插入”→“定义属性”，依次定义零件名称、制图人员、审核人员、时间、材料、数量、比例、编号、学校专业名称、班级（图 3-7）。

（零件名称）			材料	（材料）	比例	（比例）
			数量	（数量）	图号	（编号）
制图	（制图人员）	（时间）	（学校专业名称）			
审核	（审核人员）	（时间）	（班级）			

图 3-7 标题栏样式

点击“插入”→“块定义”，打开图 3-8 所示对话框，拾取点“右下角点”，选择对象“全选”，点击“确定”，弹出图 3-9 所示的图，再点击“确定”。

块定义
名称(N)：标题栏
基点　在屏幕上指定　拾取点(K)
X：1296.115286117192
Y：1545.132059986262
Z：0
对象　在屏幕上指定　选择对象(T)
保留(R)　转换为块(C)　删除(D)
已选择 30 个对象
方式　注释性(A)　使块方向与布局匹配(M)　按统一比例缩放(S)　允许分解(P)
设置　块单位(U)：毫米　超链接(L)...
说明
在块编辑器中打开(O)　确定　取消　帮助(H)

图 3-8　“块定义”对话框

编辑属性
块名：　标题栏
输入班级名称
输入学校及专业名称
输入图纸编号
输入图纸比例
输入零件数量
输入材料名称
输入审核时间
输入制图时间
确定　取消　上一个(P)　下一个(N)　帮助(H)

图 3-9　“编辑属性”对话框

“插入”→“插入块”，完成图 3-10 的设置，点击“确定”并填写相应项目，得到图 3-11的标题栏。

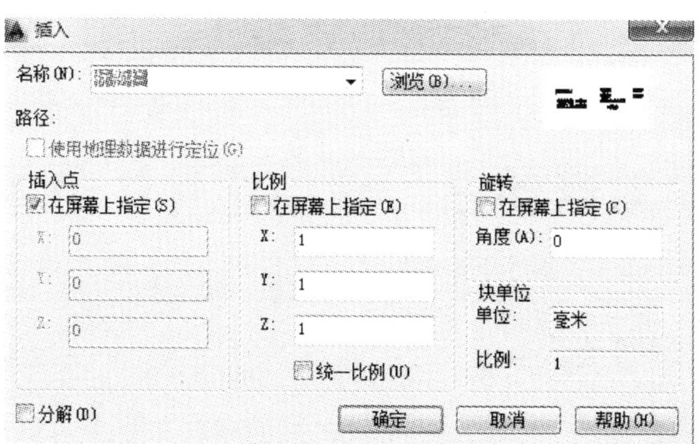

图 3-10　“插入”对话框

<table>
<tr><td colspan="3" rowspan="2">阶梯轴零件</td><td>材料</td><td>45钢</td><td>比例</td><td>1∶1</td></tr>
<tr><td>数量</td><td>80</td><td>图号</td><td>A-01</td></tr>
<tr><td>制图</td><td>×××</td><td>2015.1.25</td><td colspan="4">×××××学校××专业</td></tr>
<tr><td>审核</td><td>×××</td><td>2015.1.30</td><td colspan="4">×××班</td></tr>
</table>

图 3-11　标题栏

将此创建的标题栏块保存，在以后相应的图中调用。

三、学习过程评价表

根据本次活动情况，完成表 3-6 中“学生自评”项目。

表 3-6　学习过程评价表

<table>
<tr><th colspan="2">评价项目及标准</th><th>配分</th><th>评分标准</th><th>学生自评</th><th>教师评分</th></tr>
<tr><td rowspan="3">职业技能</td><td>表格命令的使用</td><td>10</td><td>表格绘制正确</td><td></td><td></td></tr>
<tr><td>表格制作</td><td>10</td><td>操作是否熟练</td><td></td><td></td></tr>
<tr><td>标题栏制作</td><td>40</td><td>标题栏完成程度</td><td></td><td></td></tr>
<tr><td rowspan="3">职业素养</td><td>出勤情况</td><td>10</td><td>1. 满勤:10 分
2. 旷课 1 节或迟到(早退)2 次以下:5 分
3. 旷课 1 节或迟到(早退)2 次以上:0 分</td><td></td><td></td></tr>
<tr><td>遵守课堂纪律情况</td><td>10</td><td>能严格遵守课堂纪律:10 分,能基本遵守课堂纪律:5 分,不能遵守课堂纪律:0 分</td><td></td><td></td></tr>
<tr><td>1. 计划落实情况,有无提问与记录
2. 是否主动参与情况</td><td>10</td><td>能按计划操作,能主动参与:5～10 分</td><td></td><td></td></tr>
<tr><td>核心能力</td><td>1. 能否认真思考
2. 是否使用基本的文明礼貌用语
3. 能否自我学习及自我管理</td><td>10</td><td>能认真思考,文明礼貌,自我学习,自我管理:5～10 分</td><td></td><td></td></tr>
<tr><td colspan="2">合计</td><td>100</td><td>总分</td><td></td><td></td></tr>
</table>

学习活动三　编制零件任务单

学习目标

① 能绘制出任务零件图。

② 能输入技术要求文本。

③ 能制作标题栏。

④ 能完成加工工艺表制定。

⑤ 能主动应用网络学习 AutoCAD 2014，获取有效的 CAD 信息，积极与他人进行有效的沟通。

学习课时

2 学时

学习要点

① 网络学习。
② 完成任务项目内容。
③ 文本录入表格制作。

学习过程

一、绘制零件图（图 3-12）

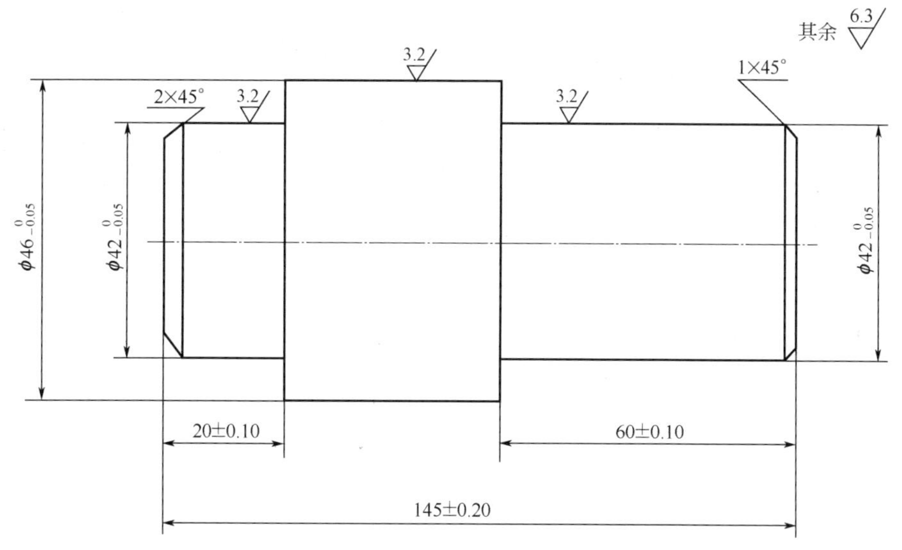

图 3-12　零件图

二、输入技术要求

技术要求
1. 严禁使用砂布、锉刀修光。
2. 去毛刺，C0.3。

三、完成标题栏制作

阶梯轴零件			材料	45钢	比例	1∶1
			数量	80	图号	A-01
制图	×××	2015.1.25	×××××学校××专业			
审核	×××	2015.1.30	×××班			

四、完成加工工艺表制作

一、先加工左边		
工艺内容	切削用量	工具
1. 装夹工件，伸出长约 100mm		
2. 车端面	n=800r/min　f=0.2mm/r　a_p=1mm	T0100
3. 倒角 2×45°	n=800r/min　f=0.2mm/r　a_p=2mm	T0100
4. 车外圆 ϕ42×20	n=800r/min　f=0.2mm/r　a_p=2mm	T0100
5. 车外圆 ϕ46×67	n=800r/min　f=0.2mm/r　a_p=2mm	T0100
二、调头装夹（加工右边）		
6. 车端面，取总长	n=800r/min　f=0.2mm/r　a_p=1mm	T0100
7. 倒角 2×45°	n=800r/min　f=0.2mm/r　a_p=2mm	T0100
8. 车外圆 ϕ42×60	n=800r/min　f=0.2mm/r　a_p=2mm	T0100

五、学习过程评价表

根据本次活动情况，完成表 3-7 中"学生自评"项目。

表 3-7　学习过程评价表

评价项目及标准		配分	评分标准	学生自评	教师评分
职业技能	命令的使用	10	图形绘制正确		
	文字书写	10	书写正确，错一个或少一个扣1分		
	零件任务单	40	任务单完成程度		
职业素养	出勤情况	10	1. 满勤：10 分 2. 旷课 1 节或迟到（早退）2 次以下：5 分 3. 旷课 1 节或迟到（早退）2 次以上：0 分		
	遵守课堂纪律情况	10	能严格遵守课堂纪律：10 分，能基本遵守课堂纪律：5 分，不能遵守课堂纪律：0 分		
	1. 计划落实情况，有无提问与记录 2. 是否主动参与情况	10	能按计划操作，能主动参与：5～10 分		
核心能力	1. 能否认真思考 2. 是否使用基本的文明礼貌用语 3. 能否自我学习及自我管理	10	能认真思考，文明礼貌，自我学习，自我管理：5～10 分		
合计		100	总分		

任务四 轴类零件图绘制

一、任务描述

要求用 AutoCAD 绘制减速箱输出轴的零件图（图 4-1）与轴测图（图 4-2）。

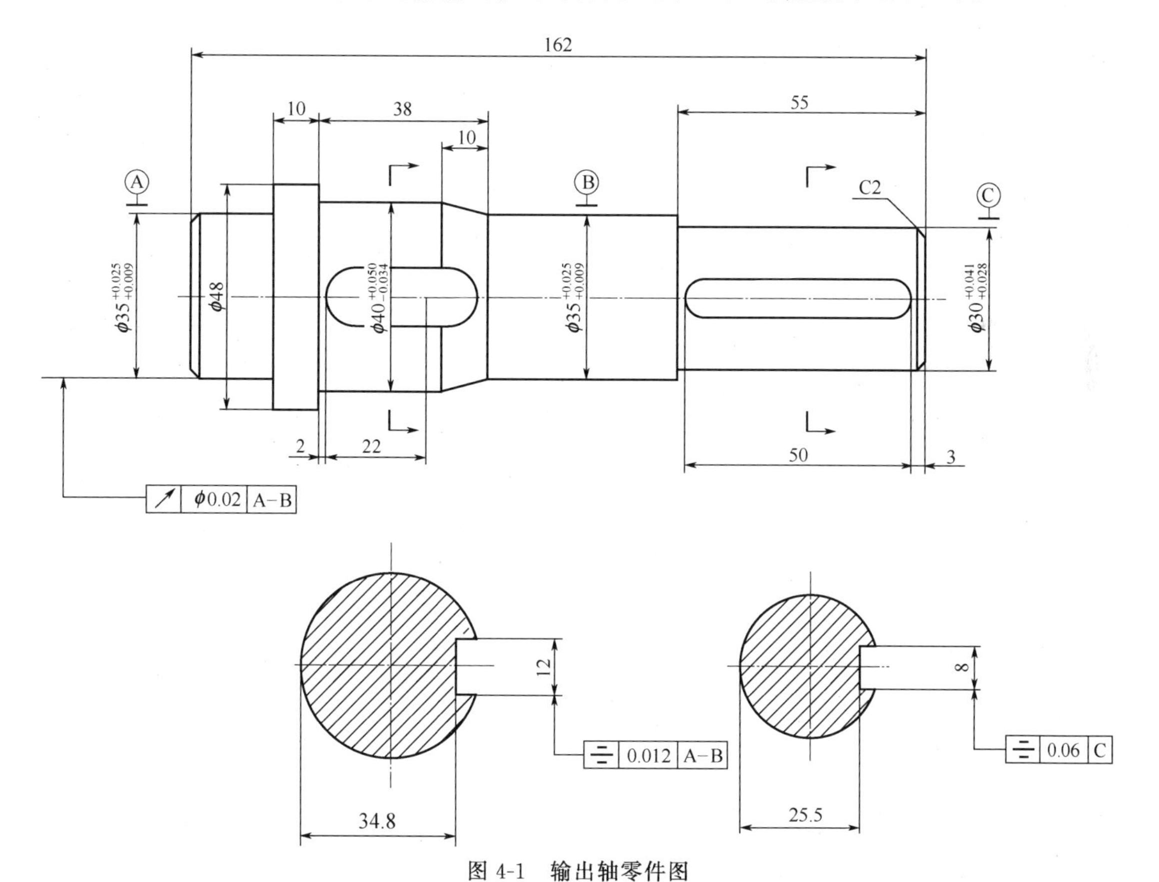

图 4-1 输出轴零件图

二、学习目标

① 能用 AutoCAD 完成轴类零件二维图形的绘制。

② 能用 AutoCAD 完成轴类零件三维建模。

③ 能对轴类零件进行尺寸标注。

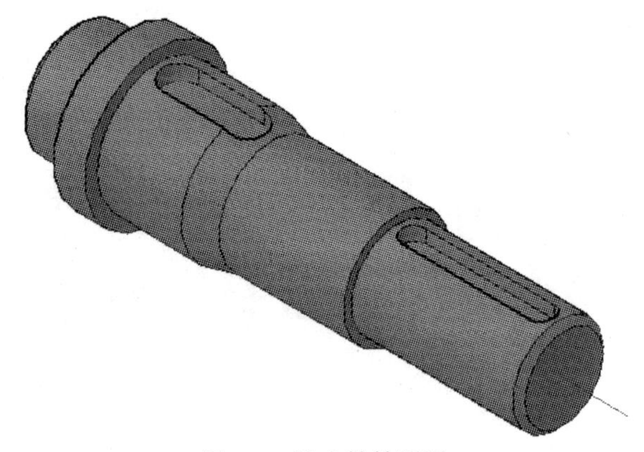

图 4-2　输出轴轴测图

三、学时

建议学时：10 学时

四、学习活动

学习活动一　接受任务、制定工作计划
学习活动二　轴类零件二维图形的绘制
学习活动三　轴类零件三维图形的绘制

学习活动一　接受任务、制定工作计划

学习目标

① 接受任务，了解任务。
② 阅读任务书，分析任务书。
③ 制定工作计划。
④ 能主动获取有效信息，积极参与，并能与他人进行有效的沟通。

学习课时

2 学时

学习要点

① 接受任务。
② 分析任务书。
③ 制定工作计划。

学习过程

① 此零件图由哪些视图组成？

② 本任务由哪些形状组成?

③ 此零件图精度最高的是哪个尺寸?

④ 任务分析　该轴是减速箱输出轴，由 6 个共轴回转体组成，其中有 5 个圆柱体、1 个圆台。轴上共有 2 处倒角。轴上有键槽，要与齿轮、联轴器、轴承配合连接。轴类零件俯视图与主视图大致相同，为了表达键槽的结构形状，采用断面图表示。轴上与齿轮、轴承配合部分有较高的尺寸、形位公差要求，绘制时要注意标识出来。

⑤ 学习过程评价

完成表 4-1 中的“学生自评”项目。

表 4-1　学习过程评价

评价项目及标准		配分	评分标准	学生自评	教师评分
职业技能	1. 积极开展工作	10			
	2. 阅读与分析任务书	40			
	3. 参与学习	10			
职业素养	出勤情况	10	1. 满勤:10 分 2. 旷课 1 节或迟到(早退)2 次以下:5 分 3. 旷课 1 节或迟到(早退)2 次以上:0 分		
	遵守课堂纪律情况	10	能严格遵守课堂纪律:10 分,能基本遵守课堂纪律:5 分,不能遵守课堂纪律:0 分		
	1. 计划落实情况,有无提问与记录 2. 是否主动参与情况	10	能按计划操作,能主动参与:5～10 分		
核心能力	1. 能否认真思考 2. 使用基本的文明礼貌用语 3. 能否自我学习及自我管理	10	能认真思考,文明礼貌,自我学习,自我管理:5～10 分		
合计		100	总分		

学习活动二　轴类零件二维图形的绘制

学习目标

① 掌握直线、圆、倒角、偏移、复制、修剪、特性、图案填充等命令的使用。

② 掌握尺寸标注和文字书写。

学习课时

4 学时

学习要点

① 用直线、圆、倒角、偏移、复制、修剪、特性、图案填充等命令绘制图形。

② 对图形进行尺寸标注和文字书写。

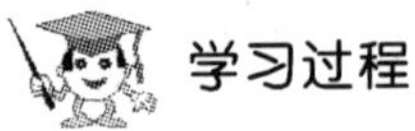

学习过程

① 进入绘图界面　打开 AutoCAD，进入绘图界面，在工作空间选择【二维草图与注释】。

② 绘制中心线　打开极轴追踪、对象捕捉及捕捉追踪功能。设置追踪角度为【90】。在绘图工具栏中，单击中的直线命令，绘制主视图中心线。如图 4-3 所示。

图 4-3　绘制直线

③ 绘制 D35 长 18 和 D48 长 10 轴的上半部分，如图 4-4 所示。

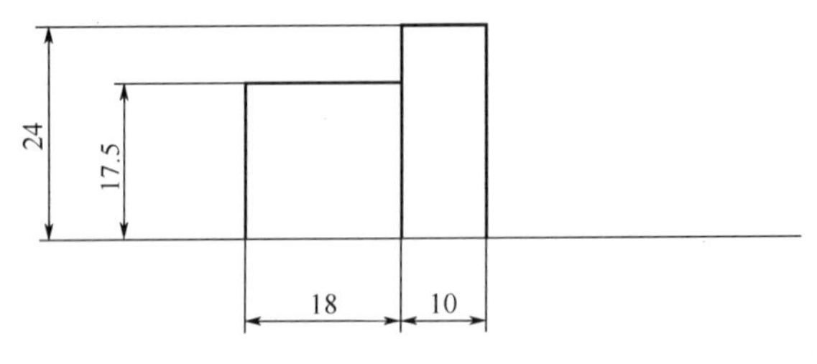

图 4-4　绘制轴类零件（一）

④ 绘制 D40 长 38 和 D35 长 41 轴的上半部分，如图 4-5 所示。

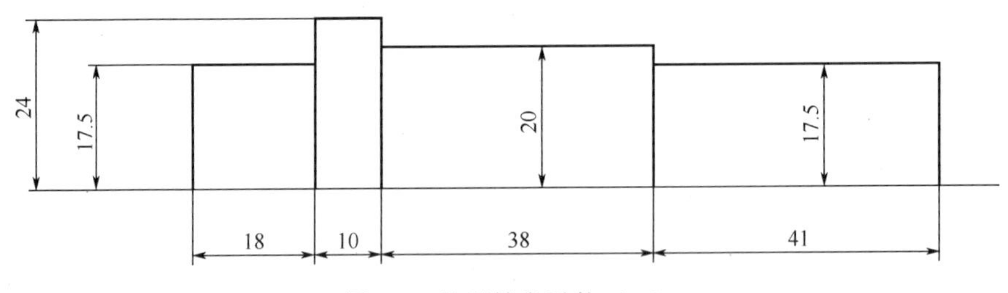

图 4-5　绘制轴类零件（二）

⑤ 绘制 D30 长 55 轴的上半部分，如图 4-6 所示。

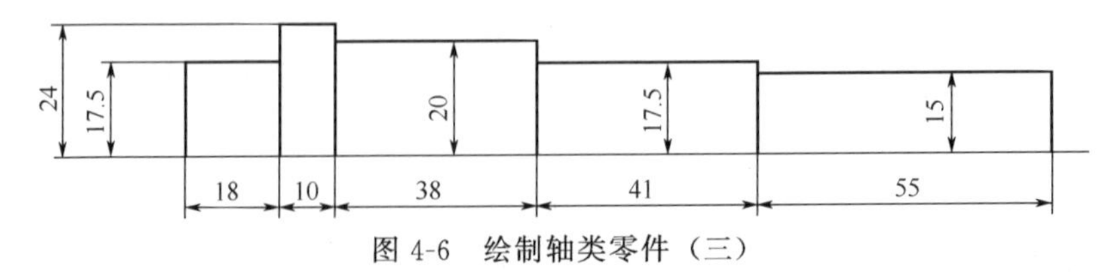

图 4-6　绘制轴类零件（三）

⑥ 绘制两端 $C2$ 的倒角，如图 4-7 所示。

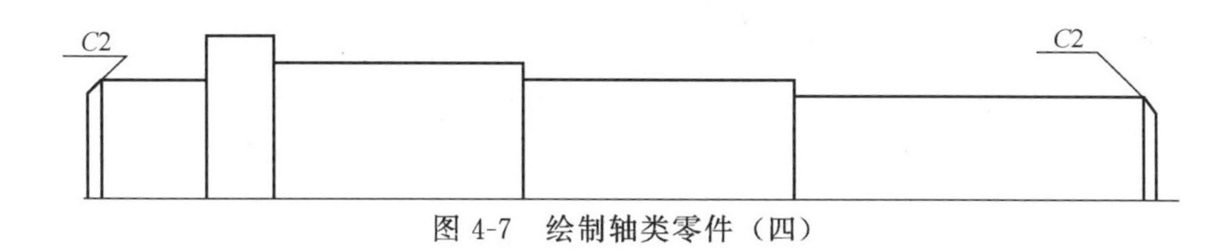

图 4-7　绘制轴类零件（四）

⑦ 绘制宽度为 10 的圆锥轴，如图 4-8 所示。

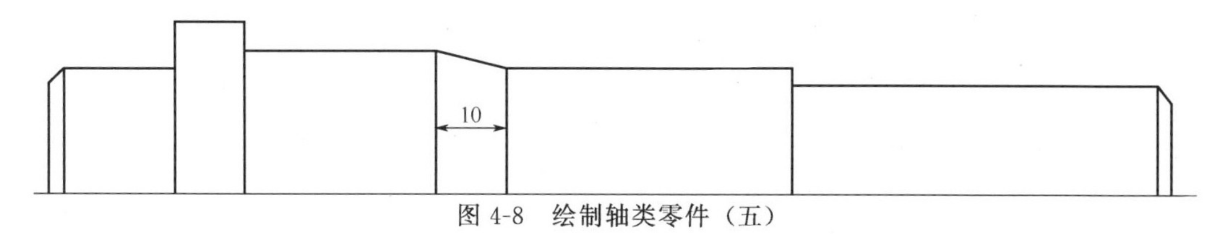

图 4-8　绘制轴类零件（五）

⑧ 利用【镜像】命令把另外一半绘制出来，如图 4-9 所示。

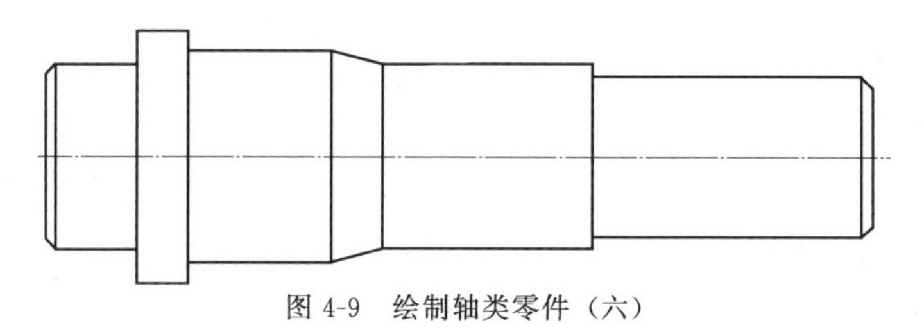

图 4-9　绘制轴类零件（六）

⑨ 绘制左端的键槽，如图 4-10 所示。

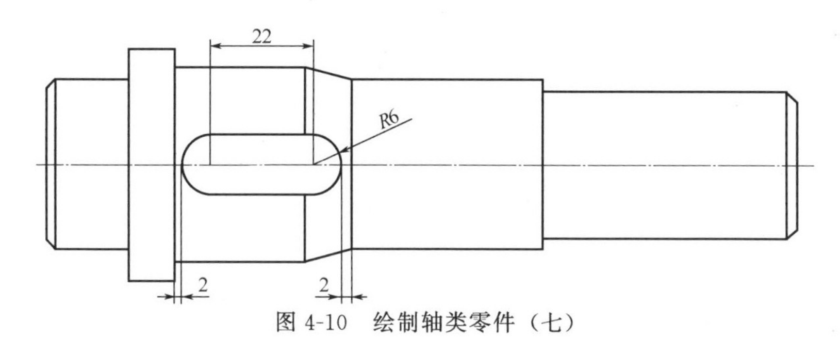

图 4-10　绘制轴类零件（七）

⑩ 绘制右端键槽，如图 4-11 所示。

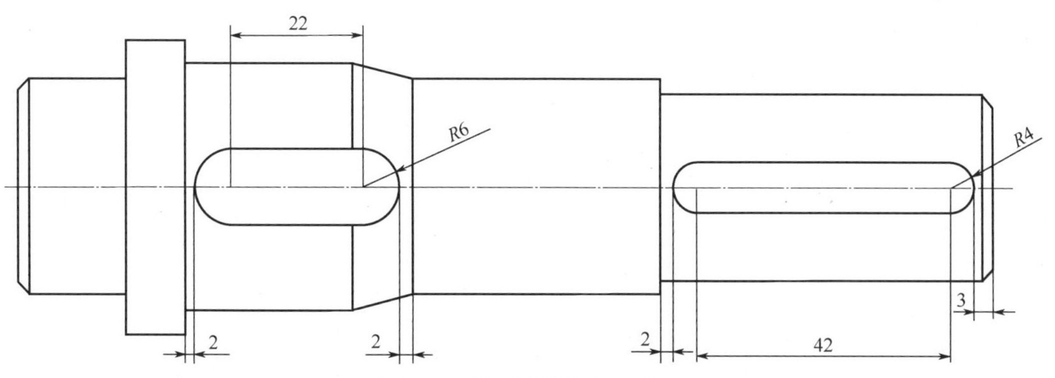

图 4-11　绘制轴类零件（八）

⑪ 绘制左端键槽的断面图，如图 4-12 所示。

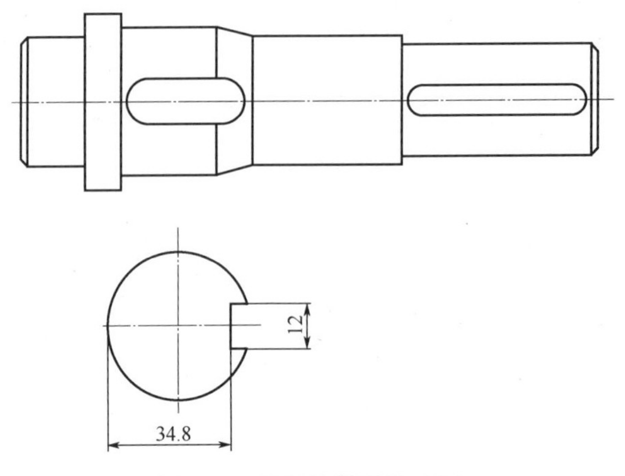

图 4-12 绘制轴类零件（九）

⑫ 对键槽进行图案填充，如图 4-13 所示。

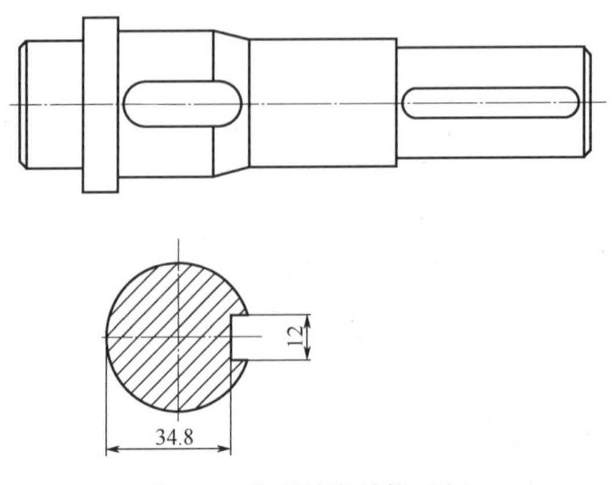

图 4-13 绘制轴类零件（十）

⑬ 绘制右端键槽断面图，并利用填充命令 进行图案填充，如图 4-14 所示。

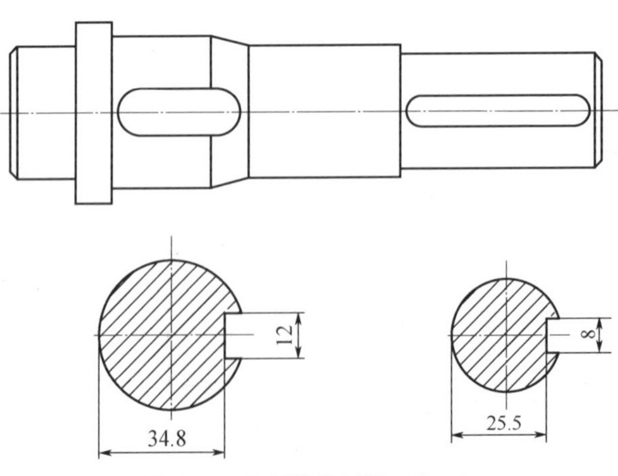

图 4-14 绘制轴类零件（十一）

⑭ 利用标注工具栏进行尺寸标注，如图 4-15 所示。

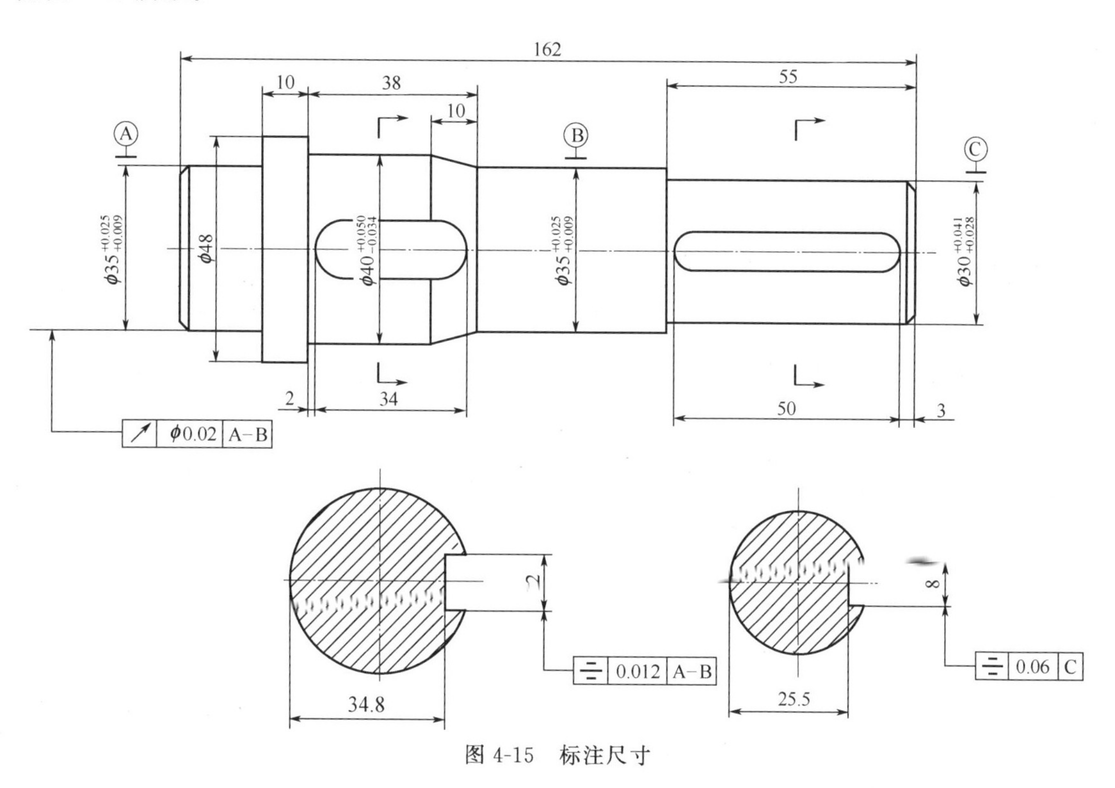

图 4-15　标注尺寸

⑮ 练习扩展，如图 4-16 所示。

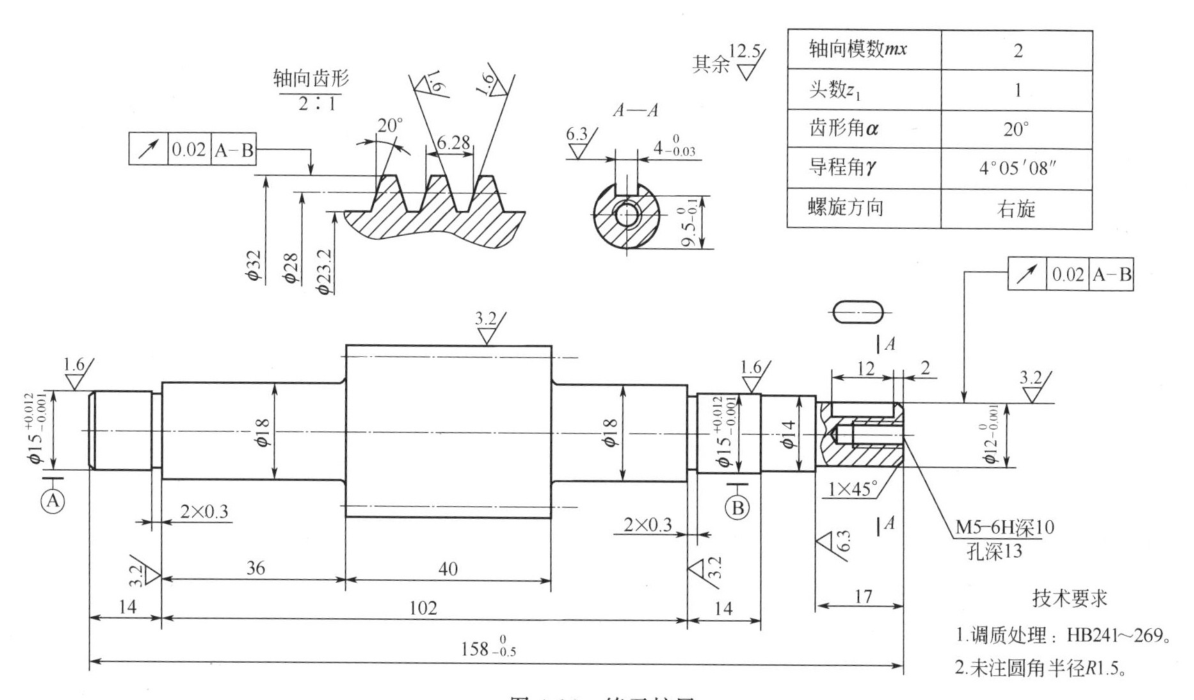

轴向模数m_x	2
头数z_1	1
齿形角α	20°
导程角γ	4°05′08″
螺旋方向	右旋

图 4-16　练习扩展

⑯ 学习过程评价　完成表 4-2 的学生自评。

表 4-2　学习过程评价

评价项目及标准		配分	评分标准	学生自评	教师评分
职业技能	命令的使用	30	图形绘制正确		
	尺寸标注	20	错一个或少一个扣 1 分		
	文字书写	10	书写正确		
职业素养	出勤情况	10	1. 满勤:10 分 2. 旷课 1 节或迟到(早退)2 次以下:5 分 3. 旷课 1 节或迟到(早退)2 次以上:0 分		
	遵守课堂纪律情况	10	能严格遵守课堂纪律:10 分,能基本遵守课堂纪律:5 分,不能遵守课堂纪律:0 分		
	1. 计划落实情况,有无提问与记录 2. 是否主动参与情况	10	能按计划操作,能主动参与:5～10 分		
核心能力	1. 能否认真思考 2. 是否使用基本的文明礼貌用语 3. 能否自我学习及自我管理	10	能认真思考,文明礼貌,自我学习,自我管理:5～10 分		
合计		100	总分		

学习活动三　轴类零件三维图形的绘制

学习目标

① 掌握圆柱体的绘制。
② 掌握移动三维实体的操作。
③ 掌握平面图形回转成实体。
④ 掌握二维平面拉伸成实体。
⑤ 掌握布尔运算构建复杂实体。

学习课时

4 学时

学习要点

① 圆柱体的绘制。
② 移动三维实体。
③ 将平面图形回转成实体。
④ 将二维平面拉伸成实体。
⑤ 布尔运算构建复杂实体。

学习过程

① 进入绘图界面　打开 AutoCAD，进入绘图界面，在工作空间选择【三维建模】。

② 在视图工具条中，单击  中的

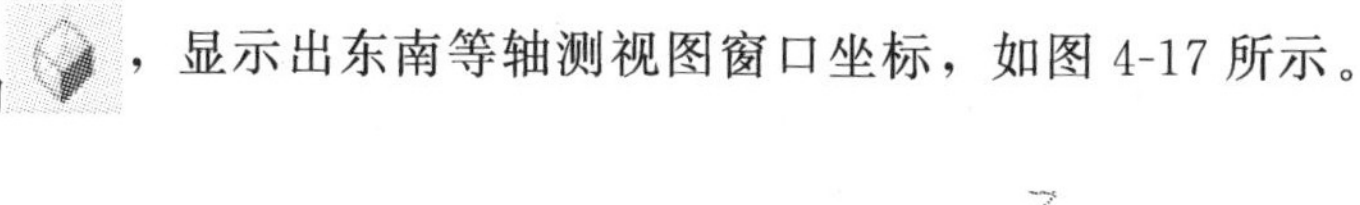

，显示出东南等轴测视图窗口坐标，如图 4-17 所示。

图 4-17　东南等轴测视图窗口坐标

③ 为了方便绘图，选择俯视图 命令进行绘图，绘制平面图形，如图 4-18 所示。

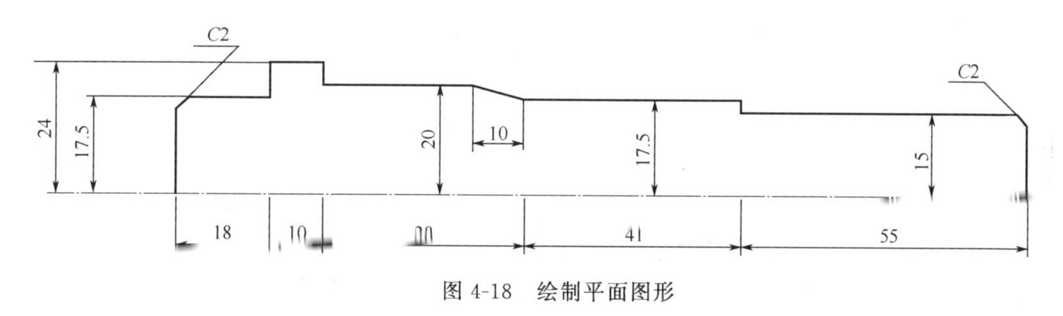

图 4-18　绘制平面图形

④ 利用 命令构造面域，如图 4-19 所示。

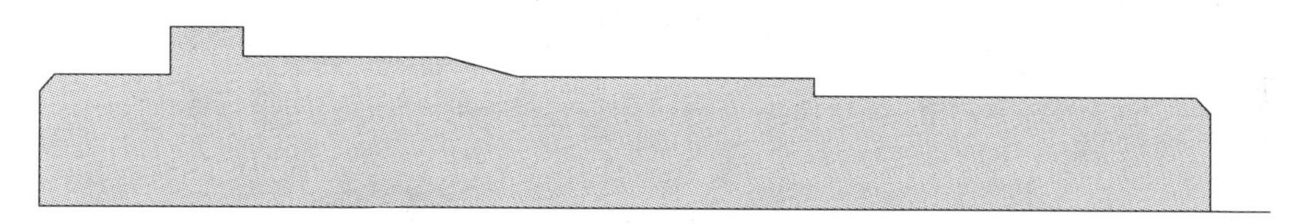

图 4-19　构造面域

⑤ 点击 

中的旋转 命令，进行旋转，如图 4-20 所示。

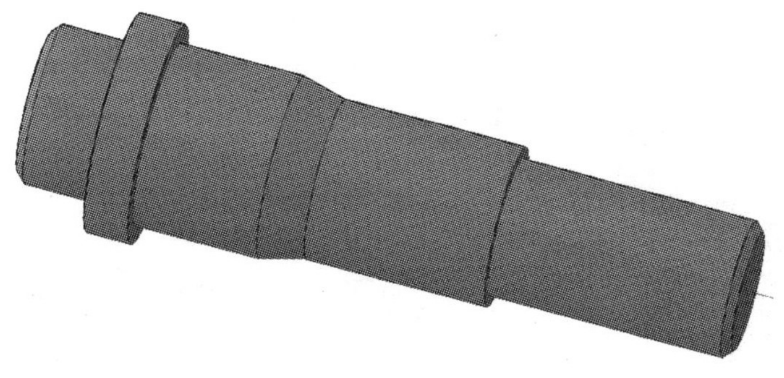

图 4-20　旋转

⑥ 绘制左右两端的两个键槽的平面图，如图 4-21 所示。

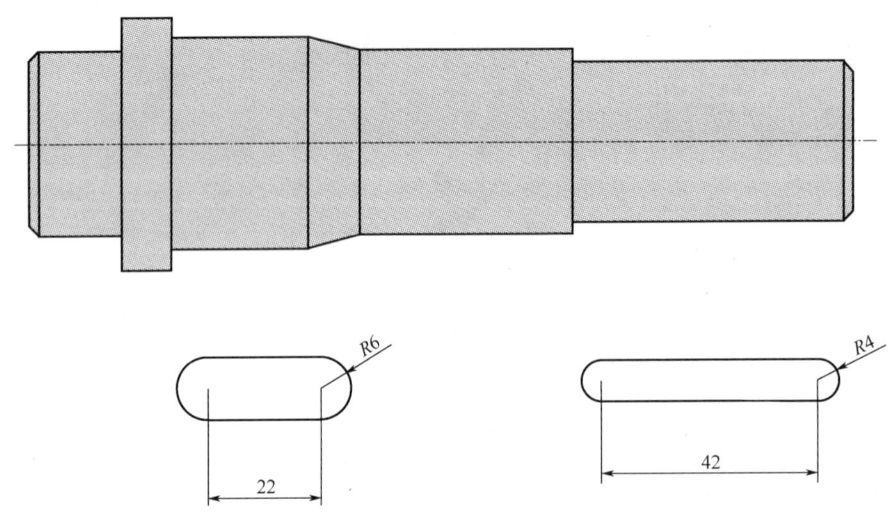

图 4-21 绘制两个键槽

⑦ 对两个键槽进行面域的构造，如图 4-22 所示。

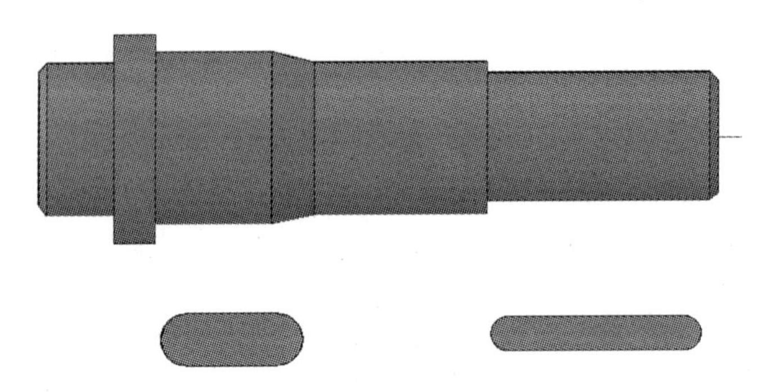

图 4-22 键槽面域构造

⑧ 对键槽进行拉伸，如图 4-23 所示。

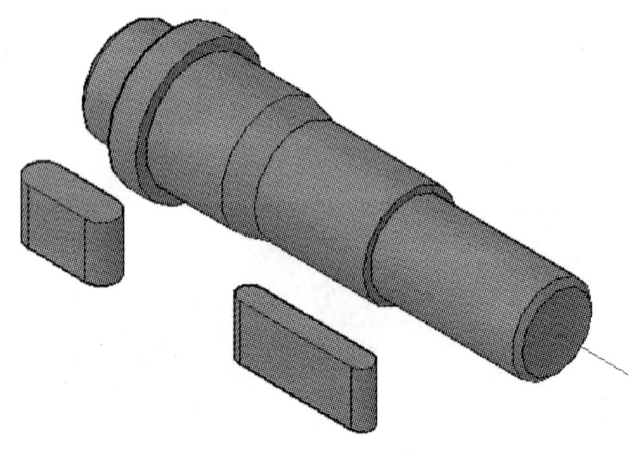

图 4-23 键槽拉伸

⑨ 移动两个键槽到正确的位置，如图 4-24 所示。

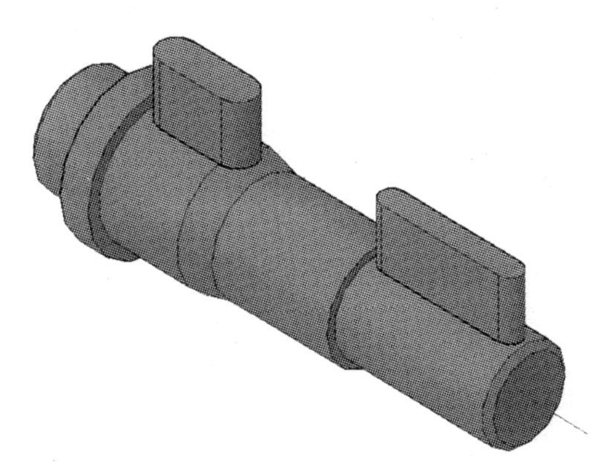

图 4-24　键槽就位

⑩ 左端键槽向下移动 5.2mm，右端键槽向下移动 4.5mm，如图 4-25 所示。

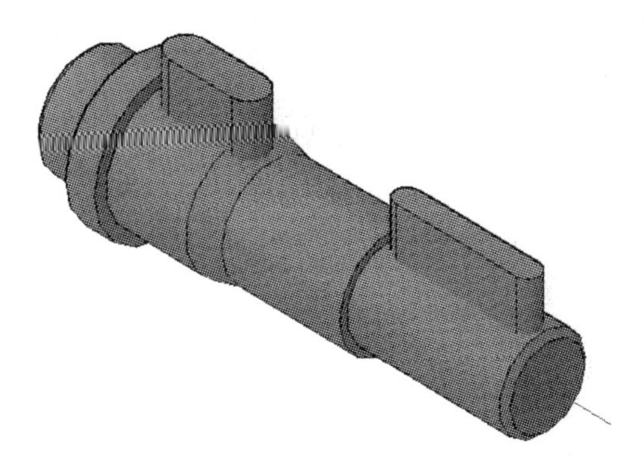

图 4-25　移动键槽

⑪ 进行差集运算，如图 4-26 所示。

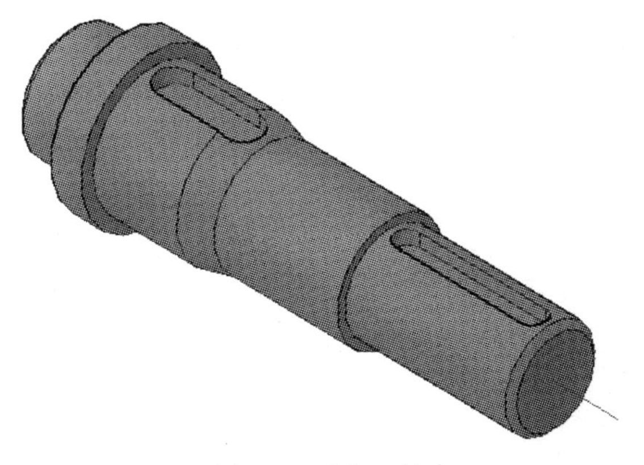

图 4-26　差集运算

⑫ 学习过程评价

完成表 4-3 中的“学生自评”项目。

表 4-3　学习过程评价表

评价项目及标准		配分	评分标准	学生自评	教师评分
职业技能	命令的使用	30	图形形状正确		
	体积相等	30			
职业素养	出勤情况	10	1. 满勤:10 分 2. 旷课 1 节或迟到(早退)2 次以下:5 分 3. 旷课 1 节或迟到(早退)2 次以上:0 分		
	遵守课堂纪律情况	10	能严格遵守课堂纪律:10 分,能基本遵守课堂纪律:5 分,不能遵守课堂纪律:0 分		
	1. 计划落实情况,有无提问与记录 2. 是否主动参与情况	10	能按计划操作,能主动参与:5～10 分		
核心能力	1. 能否认真思考 2. 是否使用基本的文明礼貌用语 3. 能否自我学习及自我管理	10	能认真思考,文明礼貌,自我学习,自我管理:5～10 分		
合计		100	总分		

任务五 齿轮零件图绘制

一、任务描述

要求用 AutoCAD 绘制齿轮的零件图（图 5-1）与轴测图（图 5-2）。

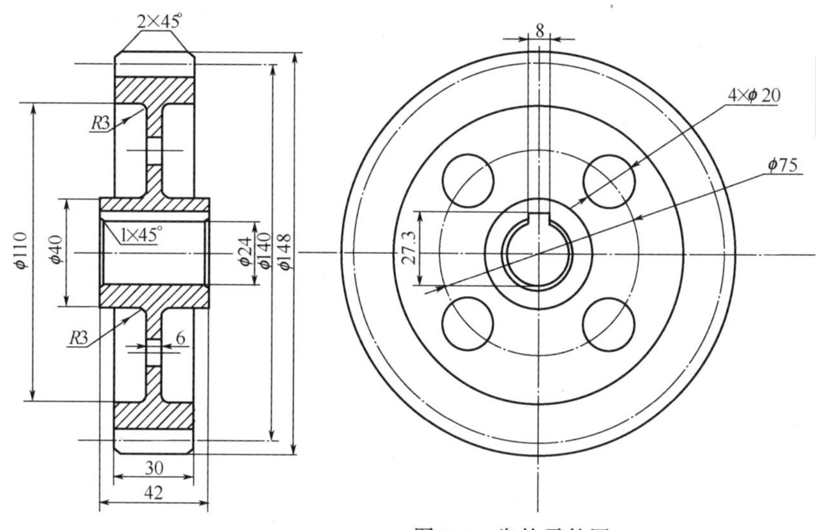

模数	m	4
齿数	z	35
压力角	α	20°

技术要求

未标注尺寸公差按IT14

齿部高淬火RC53～65

图 5-1　齿轮零件图

图 5-2　齿轮轴测图

二、学习目标

① 能用 AutoCAD 完成齿轮零件二维图形的绘制。
② 能用 AutoCAD 完成齿轮零件三维建模。
③ 能对齿轮零件进行尺寸标注。
④ 能书写齿轮零件的技术要求。

三、学时

建议学时：10 学时

四、学习活动

学习活动一　接受任务、制定工作计划
学习活动二　齿轮零件二维图形的绘制
学习活动三　齿轮零件三维图形的绘制

学习活动一　接受任务、制定工作计划

学习目标

① 接受任务，了解任务。
② 阅读任务书，分析任务书。
③ 制定工作计划。
④ 能主动获取有效信息，积极参与，并能与他人进行有效的沟通。

学习课时

2 学时

学习要点

① 接受任务。
② 分析任务书。
③ 制定工作计划。

学习过程

① 此零件图由哪些视图组成？

② 绘制三视图的原则和技巧是什么？

③ 直齿圆柱齿轮的几何要素及尺寸关系

a. 齿顶圆　直径用 d_a 表示。
b. 齿根圆　直径用 d_f 表示。
c. 分度圆　直径用 d 表示。

d. 齿距　用 p 表示。
e. 齿高　用 h 表示，$h=h_a+h_f$，h_a 表示齿顶高，h_f 表示齿根高。
f. 齿数 z
g. 中心距　用 a 表示。
h. 节圆
i. 模数 $m=p/3.14$
j. 压力角
④ 学习过程评价　完成表 5-1 中的“学生自评”项目。

表 5-1　学习过程评价

评价项目及标准		配分	评分标准	学生自评	教师评分
职业技能	1. 积极开展工作	10			
	2. 阅读与分析任务书	40			
	3. 参与学习	10			
职业素养	出勤情况	10	1. 满勤:10 分 2. 旷课 1 节或迟到(早退)2 次以下:5 分 3. 旷课 1 节或迟到(早退)2 次以上:0 分		
	遵守课堂纪律情况	10	能严格遵守课堂纪律:10 分,能基本遵守课堂纪律:5 分,不能遵守课堂纪律:0 分		
	1. 计划落实情况,有无提问与记录 2. 是否主动参与情况	10	能按计划操作,能主动参与:5～10 分		
核心能力	1. 能否认真思考 2. 是否使用基本的文明礼貌用语 3. 能否自我学习及自我管理	10	能认真思考,文明礼貌,自我学习,自我管理:5～10 分		
合计		100	总分		

学习活动二　齿轮零件二维图形的绘制

学习目标

① 掌握直线、圆、倒角、偏移、复制、修剪、特性、图案填充等命令的使用。
② 掌握尺寸标注和文字书写。

学习课时

4 学时

学习要点

① 用直线、圆、倒角、偏移、复制、修剪、特性、图案填充等命令绘制图形。
② 对图形尺寸进行标注和文字书写。

学习过程

① 进入绘图界面　打开 AutoCAD，进入绘图界面，在工作空间选择【二维草图与注释】。

② 绘制中心线　打开极轴追踪、对象捕捉及捕捉追踪功能，设置追踪角度为【90】。在绘图工具栏中，单击　中的　命令绘制左视图中心线，如图 5-3 所示。

③ 以两中心线交点为圆心，点击　命令，绘制直径分别为 ϕ148、ϕ140、ϕ130 的圆，如图 5-4 所示。

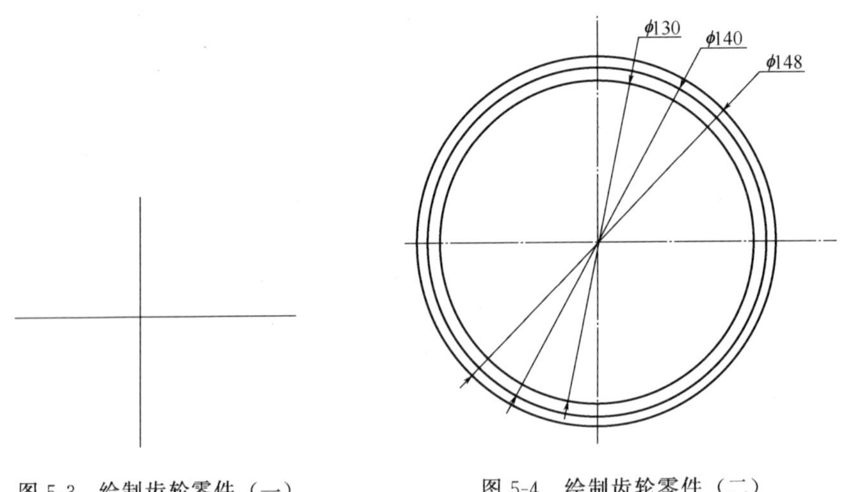

图 5-3　绘制齿轮零件（一）　　图 5-4　绘制齿轮零件（二）

④ 利用追踪线高平齐，绘制主视图齿顶线、分度线、齿根线，如图 5-5 所示。

⑤ 绘制 ϕ110 的圆，在左视图中绘制两盲孔，如图 5-6 所示。

⑥ 绘制主、左视图直径为 ϕ40 的凸台，如图 5-7 所示。

⑦ 绘制左视图均匀分布直径为 ϕ20 的孔，如图 5-8 所示。

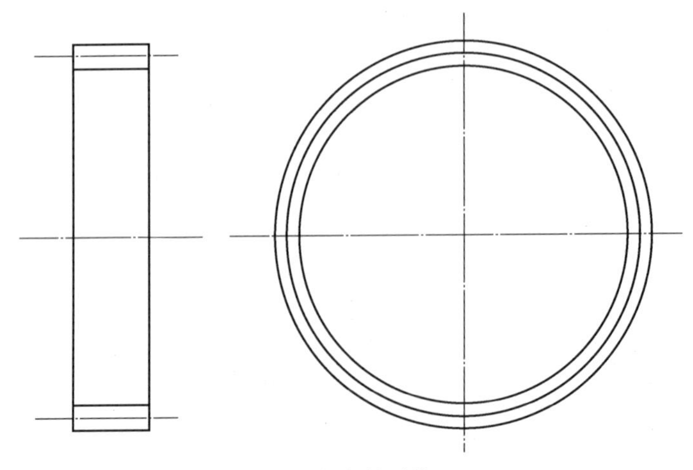

图 5-5　绘制齿轮零件（三）

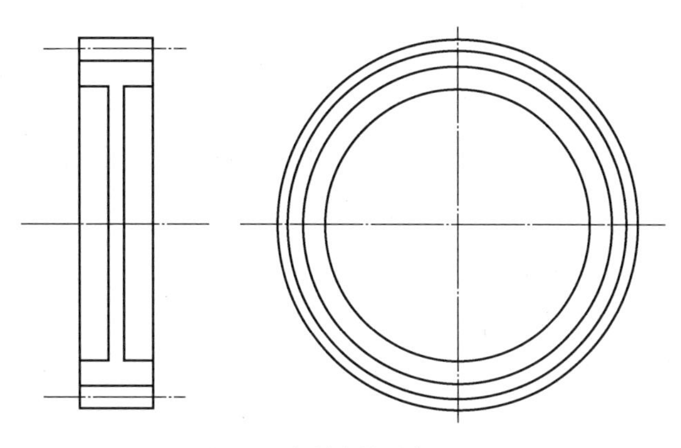

图 5-6　绘制齿轮零件（四）

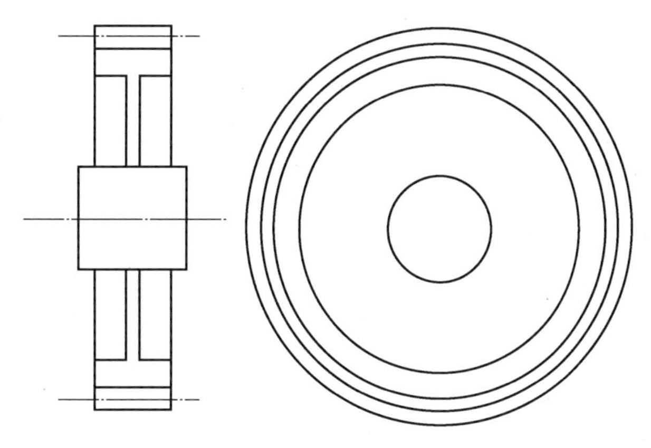

图 5-7　绘制齿轮零件（五）

⑧ 利用环形阵列命令 把其余三个孔绘制出来，如图 5-9 所示。

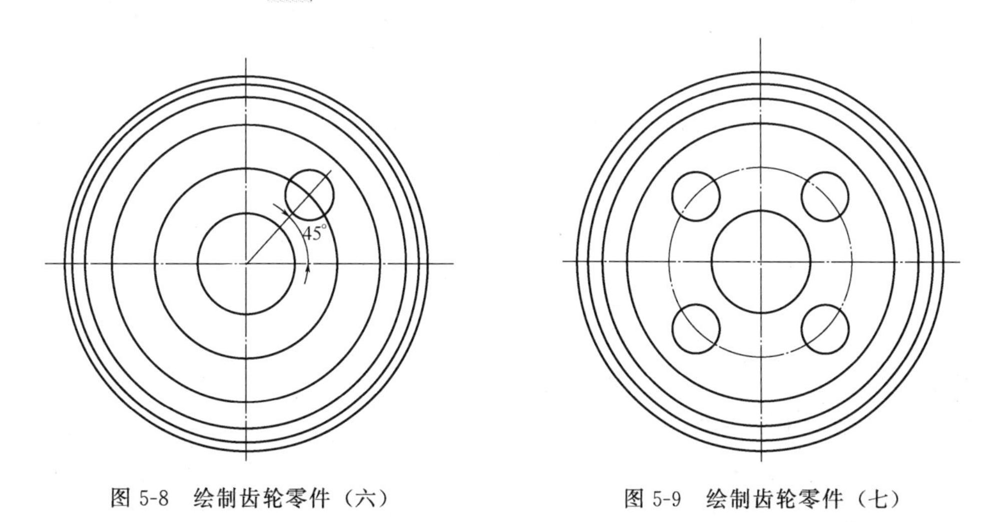

图 5-8　绘制齿轮零件（六）　　图 5-9　绘制齿轮零件（七）

⑨ 绘制主视图均匀分布的四个孔，如图 5-10 所示。

⑩ 绘制左视图键槽，如图 5-11 所示。

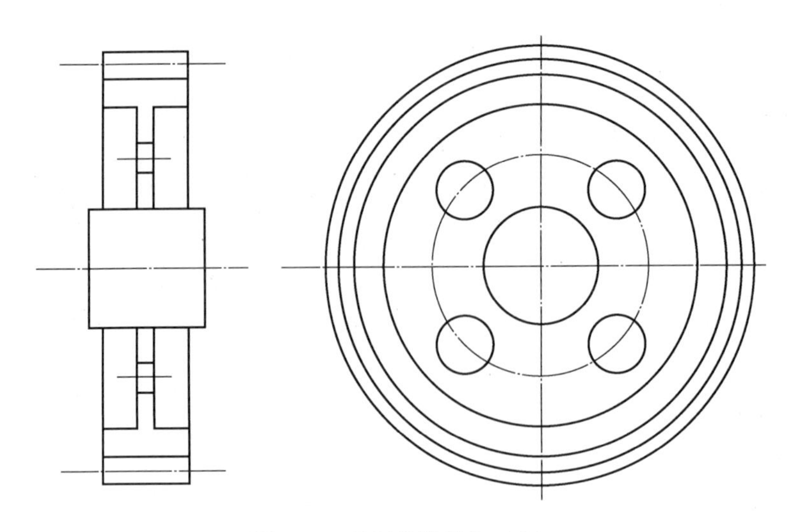

图 5-10 绘制齿轮零件（八）

⑪ 绘制主视图键槽，如图 5-12 所示。

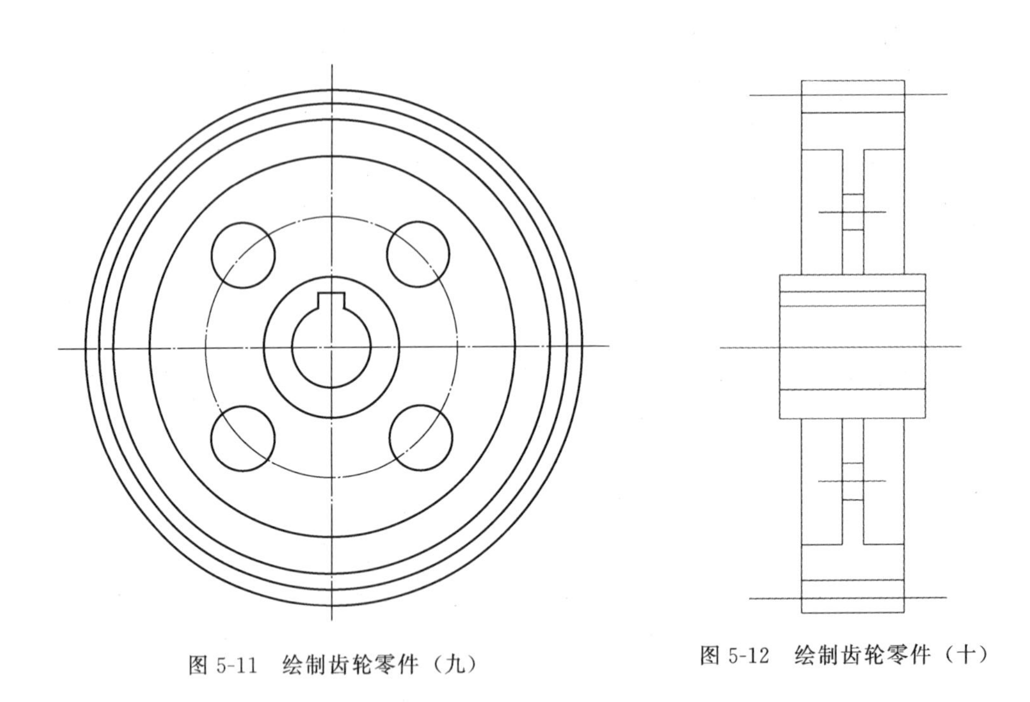

图 5-11 绘制齿轮零件（九）

图 5-12 绘制齿轮零件（十）

⑫ 对键槽进行倒角，如图 5-13 所示。

⑬ 对主视图进行圆角、倒角处理，如图 5-14 所示。

⑭ 利用特性命令 ■ByLayer ——— ByLayer ——— ByLayer 对线型、线宽、颜色进行设置，如图 5-15 所示。

⑮ 利用图案填充命令对图形进行图案填充，如图 5-16 所示。

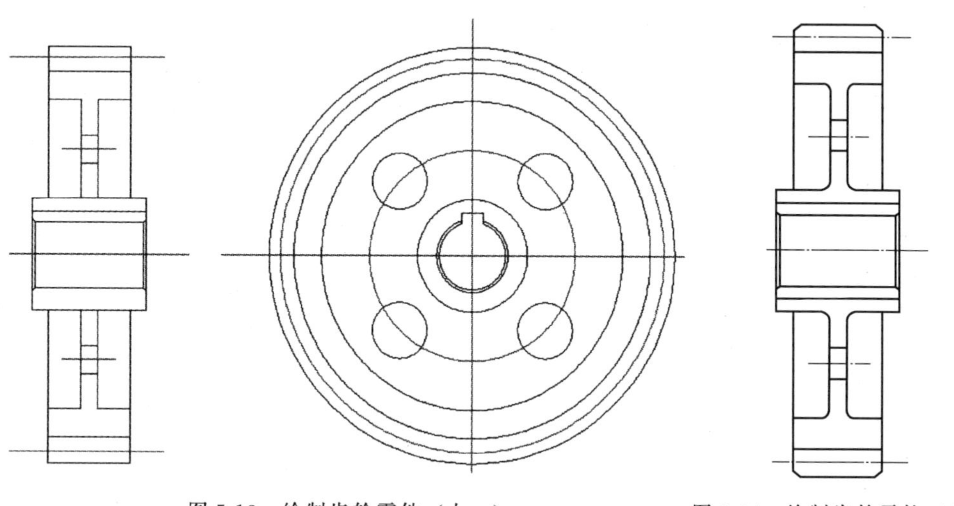

图 5-13　绘制齿轮零件（十一）　　图 5-14　绘制齿轮零件（十二）

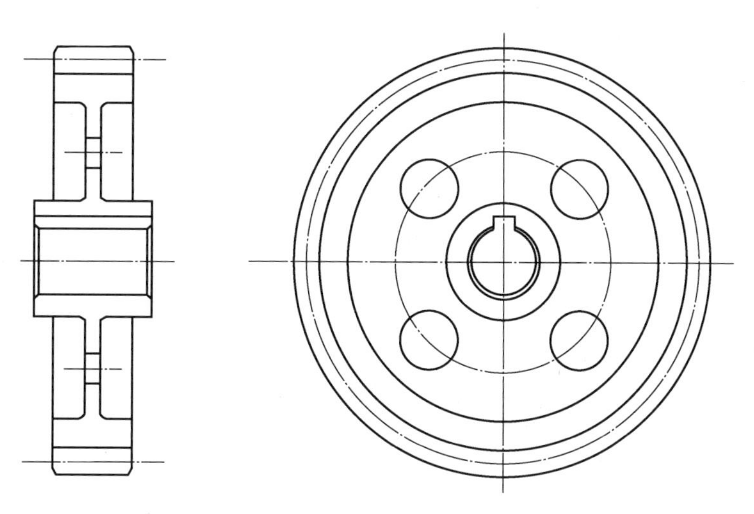

图 5-15　绘制齿轮零件（十三）

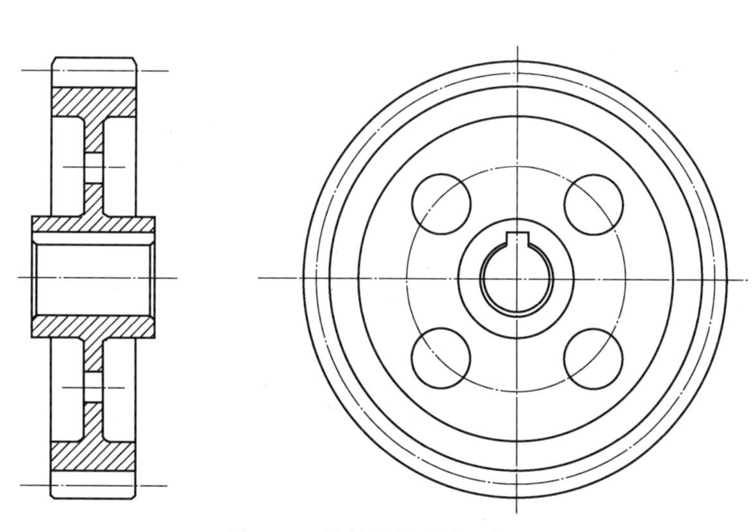

图 5-16　绘制齿轮零件（十四）

⑯ 用标注工具栏 进行尺寸标注，如图 5-17 所示。

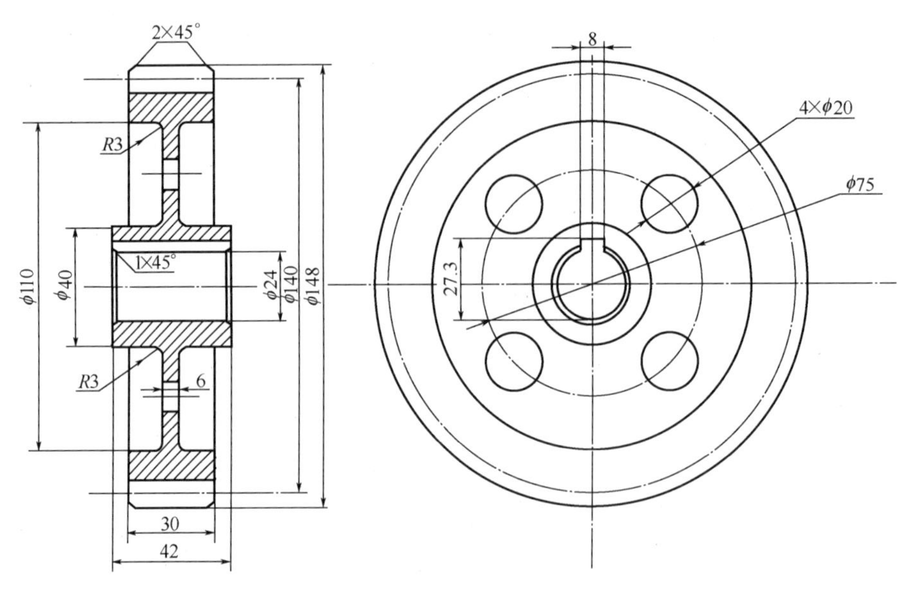

图 5-17 尺寸标注

⑰ 进行齿轮参数、技术要求书写，如图 5-18 所示。

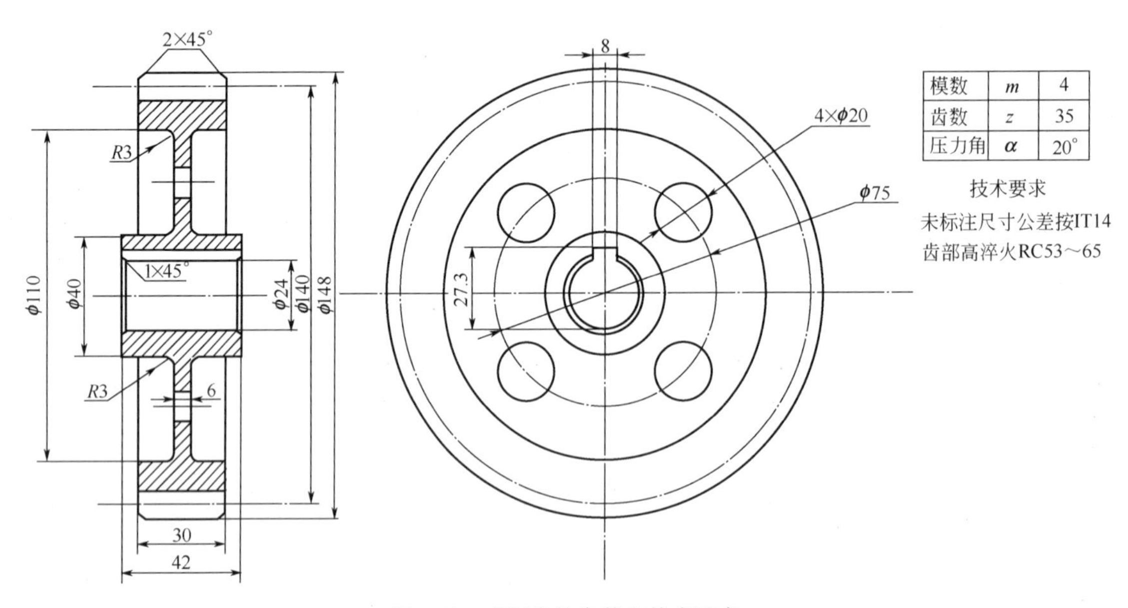

模数	m	4
齿数	z	35
压力角	α	20°

技术要求

未标注尺寸公差按IT14

齿部高淬火RC53～65

图 5-18 书写齿轮参数和技术要求

⑱ 练习扩展，如图 5-19 所示。

⑲ 学习过程评价

完成表 5-2 的“学生自评”项目。

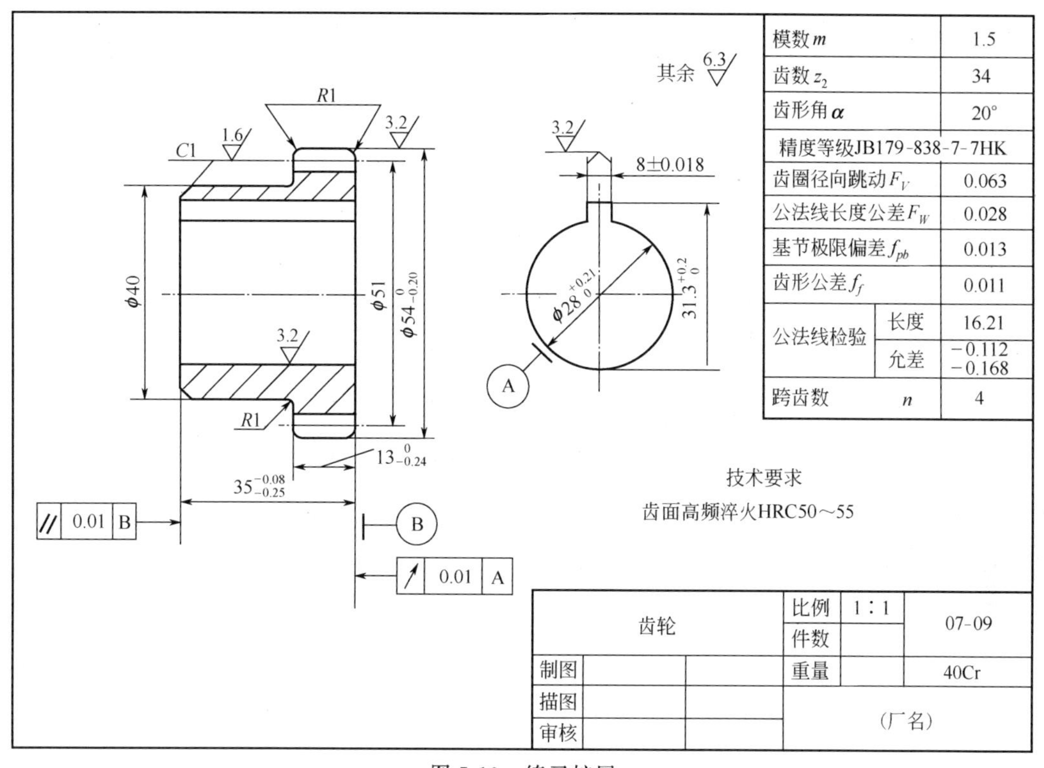

图 5-19　练习扩展

表 5-2　学习过程评价

评价项目及标准		配分	评分标准	学生自评	教师评分
职业技能	命令的使用	30	图形绘制正确		
	尺寸标注	20	错一个或少一个扣 1 分		
	文字书写	10	书写正确		
职业素养	出勤情况	10	1. 满勤:10 分 2. 旷课 1 节或迟到(早退)2 次以下:5 分 3. 旷课 1 节或迟到(早退)2 次以上:0 分		
	遵守课堂纪律情况	10	能严格遵守课堂纪律:10 分,能基本遵守课堂纪律:5 分,不能遵守课堂纪律:0 分		
	1. 计划落实情况,有无提问与记录 2. 是否主动参与情况	10	能按计划操作,能主动参与:5～10 分		
核心能力	1. 能否认真思考 2. 是否使用基本的文明礼貌用语 3. 能否自我学习及自我管理	10	能认真思考,文明礼貌,自我学习,自我管理:5～10 分		
合计		100	总分		

学习活动三 齿轮零件三维图形的绘制

学习目标

① 掌握圆柱体的绘制。

② 掌握移动三维实体。

③ 掌握将二维平面拉伸成实体。

④ 掌握布尔运算构建复杂实体。

⑤ 掌握复制实体。

学习课时

4 学时

学习要点

① 圆柱体的绘制。

② 移动三维实体。

③ 复制实体。

④ 将二维平面拉伸成实体。

⑤ 布尔运算构建复杂实体。

学习过程

① 进入绘图界面 打开 CAD，进入绘图界面，在工作空间选择【三维建模】。

② 在视图工具条中，单击 中的 ，显示出东南等轴测视图窗口坐标，如图 5-20 所示。

③ 为了方便绘图，选择俯视图 命令进行绘图，绘制 ϕ148、ϕ140、ϕ130 的圆，如图 5-21 所示。

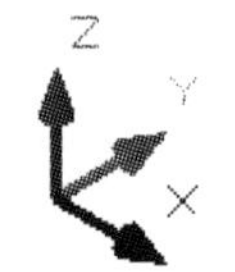

图 5-20 东南等轴测视图窗口坐标

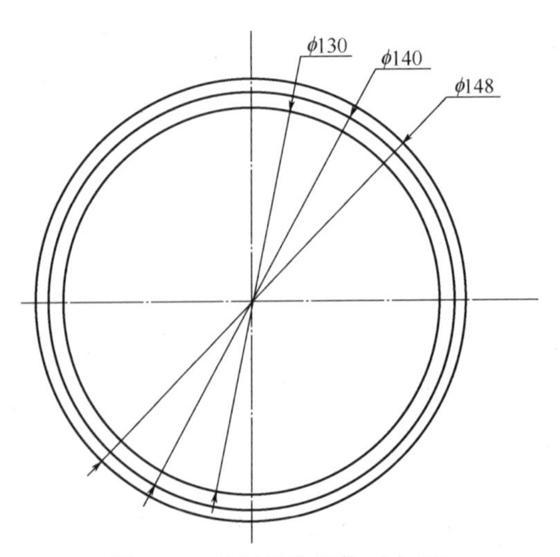

图 5-21 绘制齿轮零件（十五）

④ 绘制中心线，并绘制向左偏移距离为 1.5mm、3mm 的平行线，如图 5-22 所示。

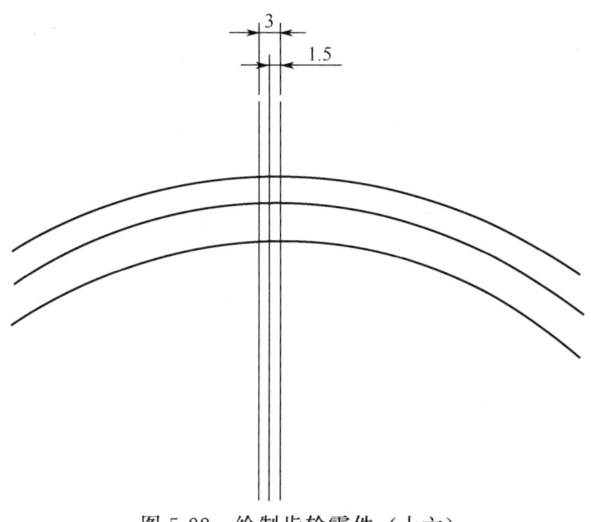

图 5-22　绘制齿轮零件（十六）

⑤ 点击【绘图】→【圆弧】→【起点　端点　半径】，绘制半径为 $R22$ 的圆弧，如图 5-23 所示。

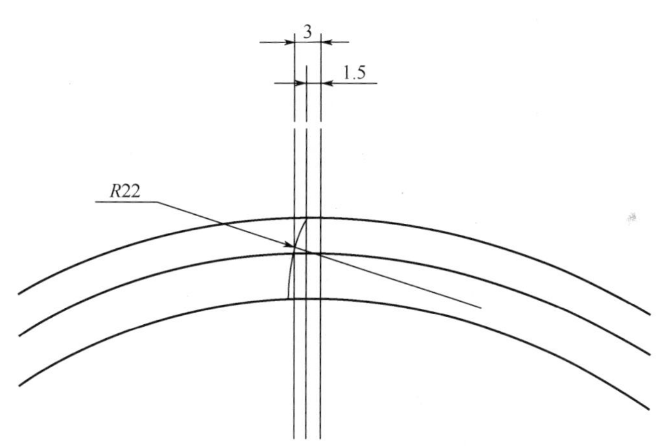

图 5-23　绘制齿轮零件（十七）

⑥ 镜像圆弧，并且绘制顶部直线，修剪，如图 5-24 所示。

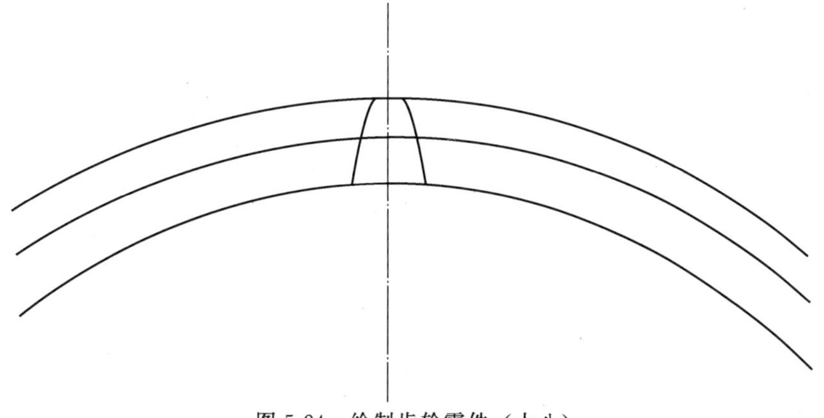

图 5-24　绘制齿轮零件（十八）

⑦ 利用阵列命令，把其余 34 个齿阵列出来，如图 5-25 所示。

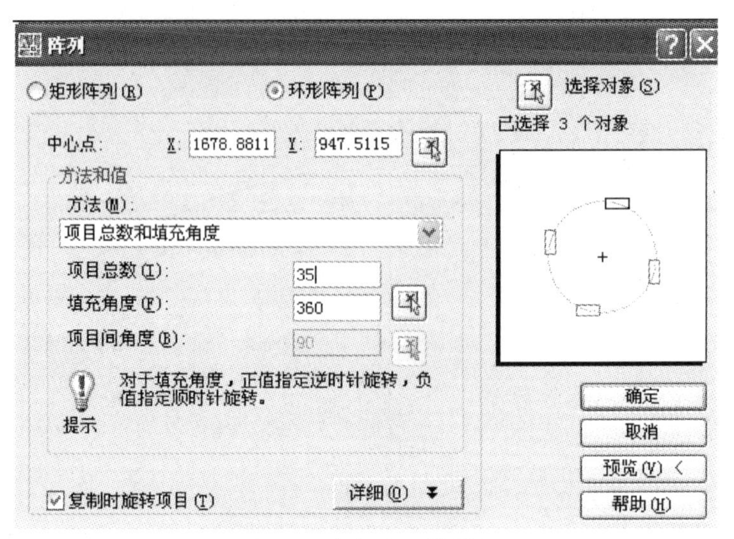

图 5-25 “阵列”对话框

⑧ 修剪多余的线条，进行面域操作，如图 5-26 所示。

图 5-26 面域操作

⑨ 拉伸实体，如图 5-27 所示。

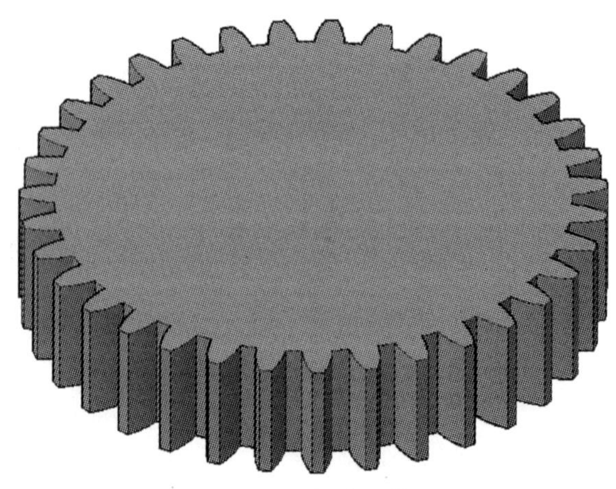

图 5-27 拉伸实体

⑩ 绘制 D110、高 12mm 的圆柱，然后复制另一个距离为 18mm 的圆柱。如图 5-28 所示。

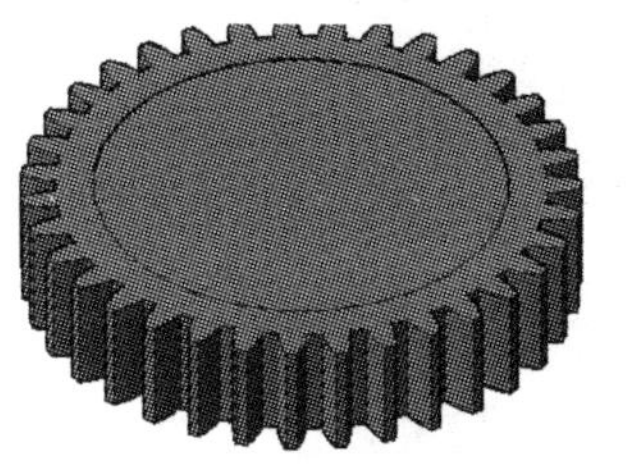

图 5-28　复制圆柱

⑪ 移动圆柱，进行差集，如图 5-29 所示。

⑫ 绘制直径 D40、高 42mm 的圆柱并且进行求和处理，如图 5-30 所示。

图 5-29　移动圆柱

图 5-30　求和

⑬ 绘制键槽孔，如图 5-31 所示。

图 5-31　绘制键槽孔

⑭ 拉伸键槽孔，如图 5-32 所示。

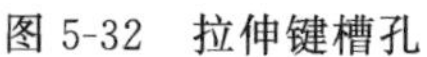

图 5-32　拉伸键槽孔

⑮ 移动键槽孔，进行差集处理，如图 5-33 所示。

图 5-33 移动键槽孔

⑯ 绘制 4 个直径 ϕ20 的圆，进行面域，如图 5-34 所示。

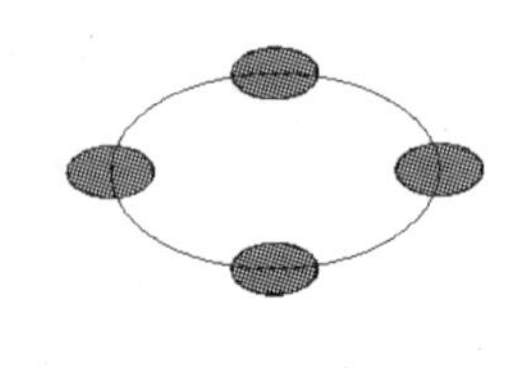

图 5-34 面域 4 个圆

⑰ 拉伸 4 个圆成圆柱，如图 5-35 所示。

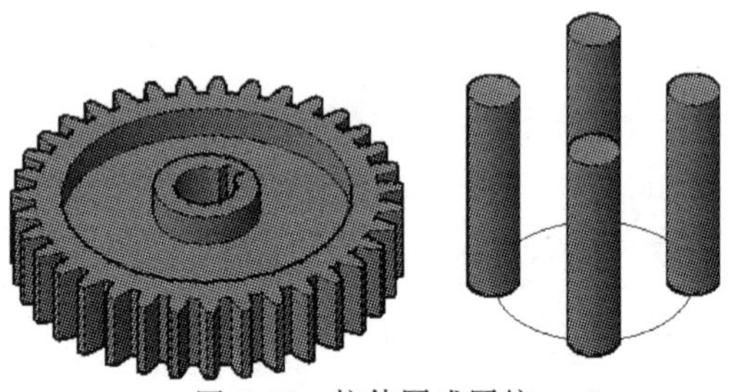

图 5-35 拉伸圆成圆柱

⑱ 移动圆柱到齿轮正确位置，进行差集处理，如图 5-36 所示。

⑲ 进行圆角、倒角处理，如图 5-37 所示。

图 5-36 移动圆柱

图 5-37 进行圆角、倒角处理

⑳ 学习过程评价　完成表 5-3 中的“学生自评”项目。

表 5-3　学习过程评价

<table>
<tr><th colspan="2">评价项目及标准</th><th>配分</th><th>评分标准</th><th>学生自评</th><th>教师评分</th></tr>
<tr><td rowspan="2">职业技能</td><td>命令的使用</td><td>30</td><td>图形形状正确</td><td></td><td></td></tr>
<tr><td>体积相等</td><td>30</td><td></td><td></td><td></td></tr>
<tr><td rowspan="3">职业素养</td><td>出勤情况</td><td>10</td><td>1. 满勤:10 分
2. 旷课 1 节或迟到(早退)2 次以下:5 分
3. 旷课 1 节或迟到(早退)2 次以上:0 分</td><td></td><td></td></tr>
<tr><td>遵守课堂纪律情况</td><td>10</td><td>能严格遵守课堂纪律:10 分,能基本遵守课堂纪律:5 分,不能遵守课堂纪律:0 分</td><td></td><td></td></tr>
<tr><td>1. 计划落实情况,有无提问与记录
2. 是否主动参与情况</td><td>10</td><td>能按计划操作,能主动参与 5～10 分</td><td></td><td></td></tr>
<tr><td>核心能力</td><td>1. 能否认真思考
2. 使用基本的文明礼貌用语
3. 能否自我学习及自我管理</td><td>10</td><td>能认真思考,文明礼貌,自我学习,自我管理:5～10 分</td><td></td><td></td></tr>
<tr><td colspan="2">合计</td><td>100</td><td>总分</td><td></td><td></td></tr>
</table>

任务六 盘类零件图绘制

一、任务描述

要求用 AutoCAD 绘制减速箱透盖的零件图（图 6-1）与轴测图（如图 6-2）。

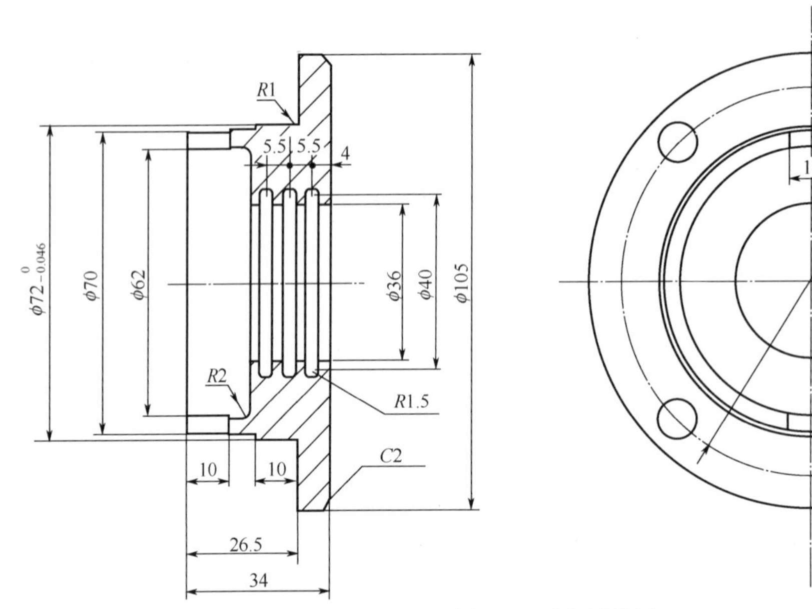

图 6-1　透盖零件图

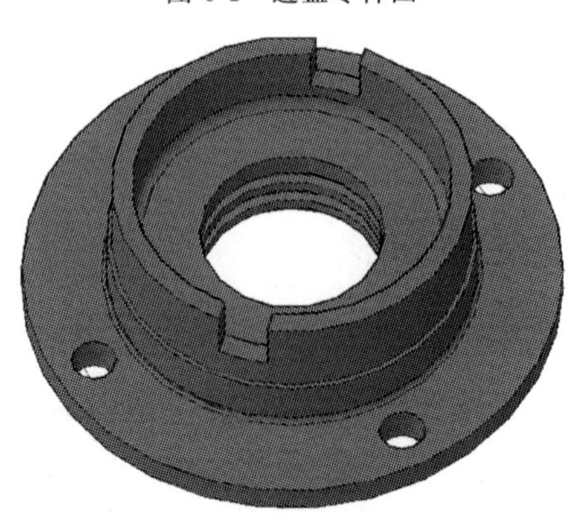

图 6-2　透盖轴测图

二、学习目标

① 能用 AutoCAD 完成盘类零件二维图形的绘制。
② 能用 AutoCAD 完成盘类零件三维建模。
③ 能对盘类零件进行尺寸标注。
④ 能书写盘类零件的技术要求。

三、学时

建议学时：10 学时

四、学习活动

学习活动一　接受任务、制定工作计划
学习活动二　盘类零件二维图形的绘制
学习活动三　盘类零件三维图形的绘制

学习活动一　接受任务、制定工作计划

学习目标

① 接受任务，了解任务。
② 阅读任务书，分析任务书。
③ 制定工作计划。
④ 能主动获取有效信息，积极参与，并能与他人进行有效的沟通。

学习课时

2 学时

学习要点

① 接受任务。
② 分析任务书。
③ 制定工作计划。

学习过程

① 此零件图由哪些视图组成？

② 此透盖零件有多少个内沟槽？有何作用？

③ 盘盖类零件结构分析　许多零件可以看成是由若干基本体或平面切割的基本体组合或切割而成。由两个以上的基本体组合而成的物体称为组合体，组合体的主要类型有叠加型和切割型。

a. 叠加型　由若干基本体按一定的相对位置经过叠加而成。如图 6-2 中的几个台阶是由三个圆柱体叠加而成的。

b. 切割型　由一个基本体经过多次切割而形成的。图 6-2 中的凹槽和沟槽就是通过切割而成的。

④ 学习过程评价

完成表 6-1 中的“学生自评”项目。

表 6-1　学习过程评价

评价项目及标准		配分	评分标准	学生自评	教师评分
职业技能	1. 积极开展工作	10			
	2. 阅读与分析任务书	40			
	3. 参与学习	10			
职业素养	出勤情况	10	1. 满勤:10 分 2. 旷课 1 节或迟到(早退)2 次以下:5 分 3. 旷课 1 节或迟到(早退)2 次以上:0 分		
	遵守课堂纪律情况	10	能严格遵守课堂纪律:10 分,能基本遵守课堂纪律:5 分,不能遵守课堂纪律:0 分		
	1. 计划落实情况,有无提问与记录 2. 是否主动参与情况	10	能按计划操作,能主动参与:5～10 分		
核心能力	1. 能否认真思考 2. 是否使用基本的文明礼貌用语 3. 能否自我学习及自我管理	10	能认真思考,文明礼貌,自我学习,自我管理:5～10 分		
合计		100	总分		

学习活动二　盘类零件二维图形的绘制

① 掌握直线、圆、倒角、偏移、复制、修剪、特性、图案填充等命令的使用。

② 掌握尺寸标注和文字书写。

③ 掌握三视图绘制的方法和技巧。

学习课时

4 学时

学习要点

① 用直线、圆、倒角、偏移、复制、修剪、特性、图案填充等命令绘制图形。

② 对图形尺寸标注和文字书写。

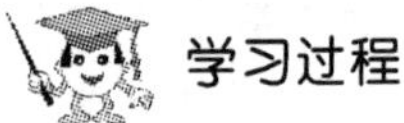

① 进入绘图界面　打开 AutoCAD，进入绘图界面，在工作空间选择【二维草图与注释】。

② 绘制中心线　打开极轴追踪、对象捕捉及捕捉追踪功能，设置追踪角度为【90】。在绘图工具栏中，单击中的命令，绘制左视图中心线，如图 6-3 所示。

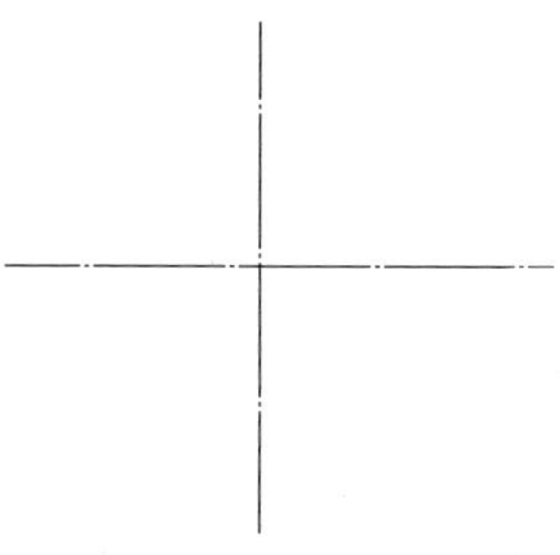

图 6-3　绘制盘类零件（一）

③ 以两中心线交点为圆心，点击命令，绘制直径分别为 $\phi105$、$\phi72$、$\phi70$、$\phi62$ 的圆，如图 6-4 所示。

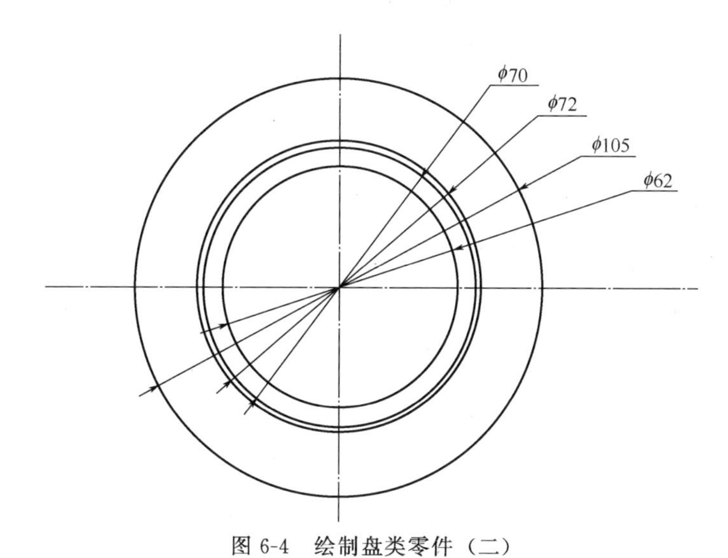

图 6-4　绘制盘类零件（二）

④ 利用追踪线高平齐，绘制主视图三个凸台和一个孔，如图 6-5 所示。

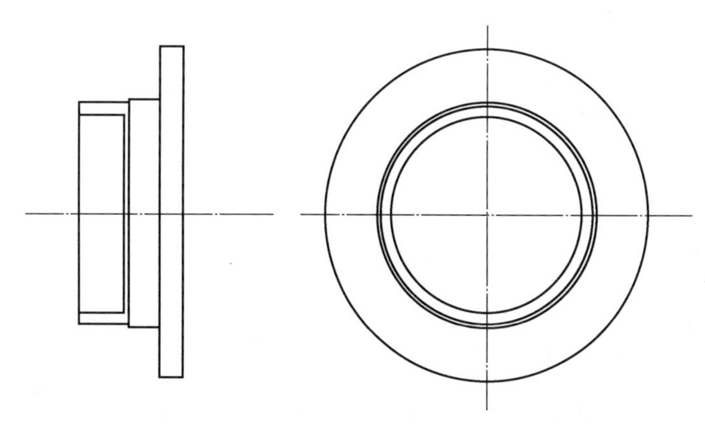

图 6-5　绘制盘类零件（三）

⑤ 绘制左视图宽度为 10 的凹槽。点击偏移命令 ，中心线左右偏移 5mm，再进行修剪，如图 6-6 所示。

⑥ 绘制主视图凹槽，并且进行修剪，如图 6-7 所示。

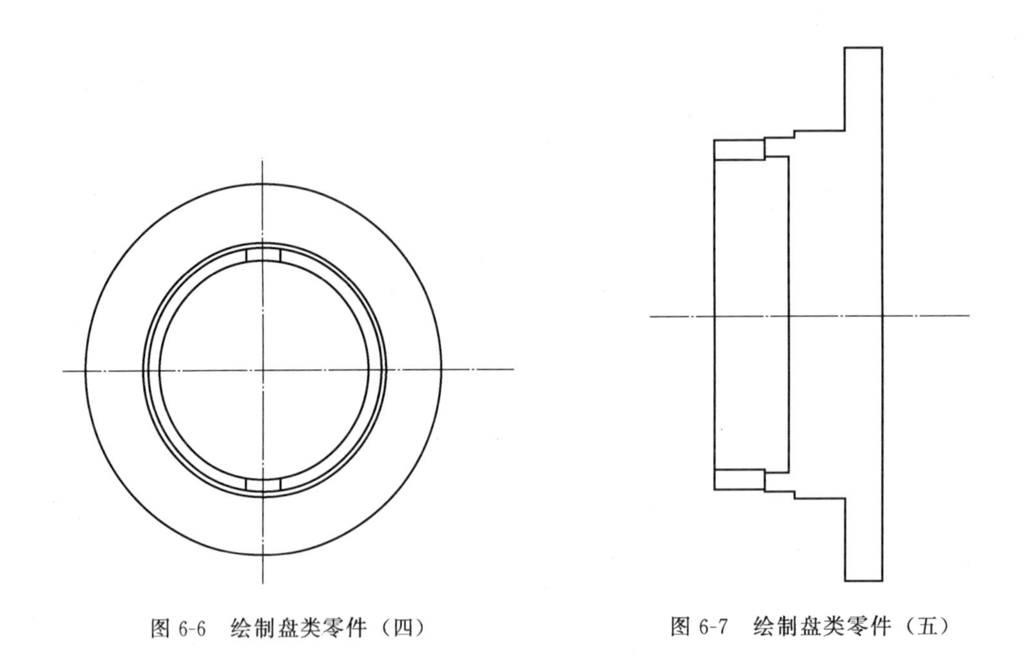

图 6-6 绘制盘类零件（四）　　图 6-7 绘制盘类零件（五）

⑦ 绘制左、主视图直径为 36 的孔，如图 6-8 所示。

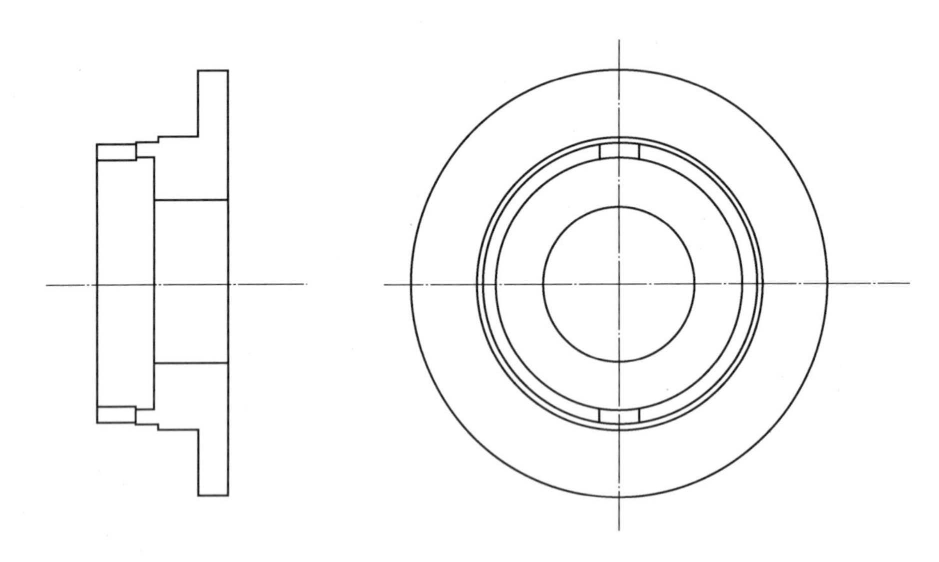

图 6-8 绘制盘类零件（六）

⑧ 绘制左视图四个孔定位圆（ϕ88）及一个孔（ϕ9），如图 6-9 所示。

⑨ 利用环形阵列命令 把其余三个孔阵列出来，如图 6-10 所示。

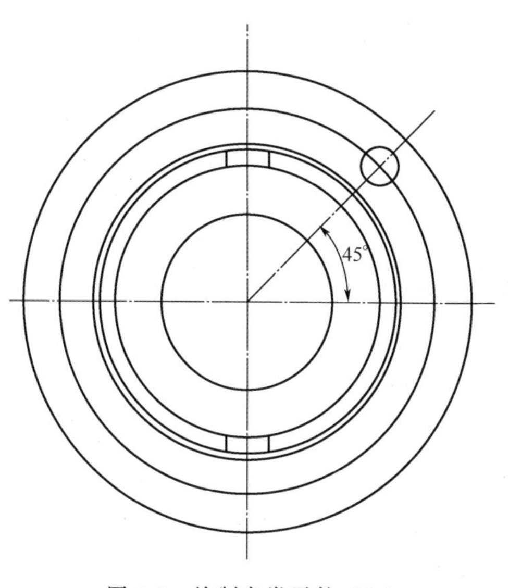

图 6-9　绘制盘类零件（七）

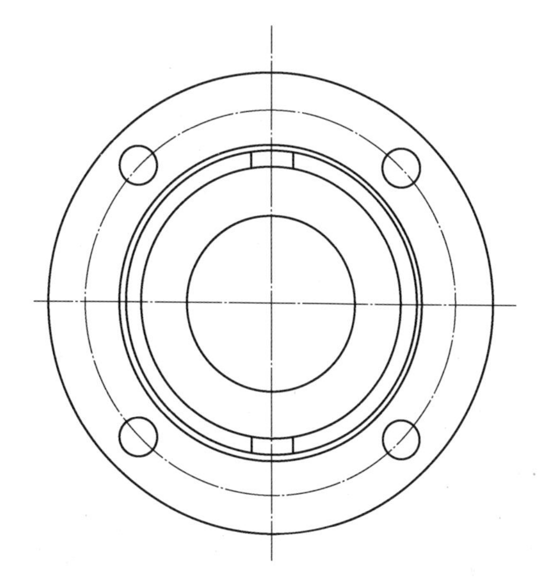

图 6-10　绘制盘类零件（八）

⑩ 绘制 D40 的沟槽，可以用偏移的方法找到圆心，如图 6-11 所示。

⑪ 利用复制命令复制其余两个沟槽，如图 6-12 所示。

⑫ 利用圆角命令、倒角命令绘制圆角和倒角，如图 6-13 所示。

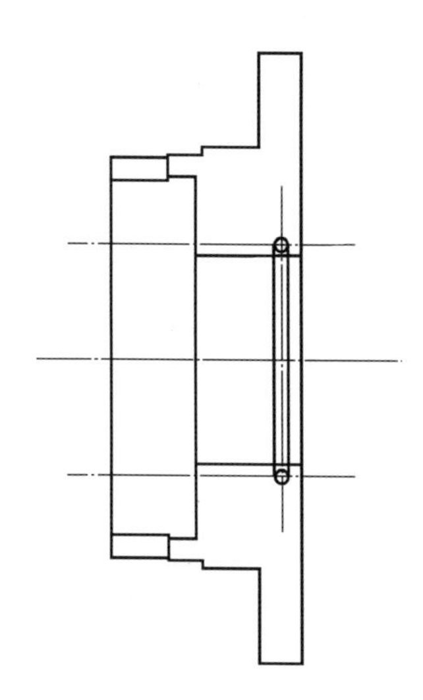

图 6-11　绘制盘类零件（九）

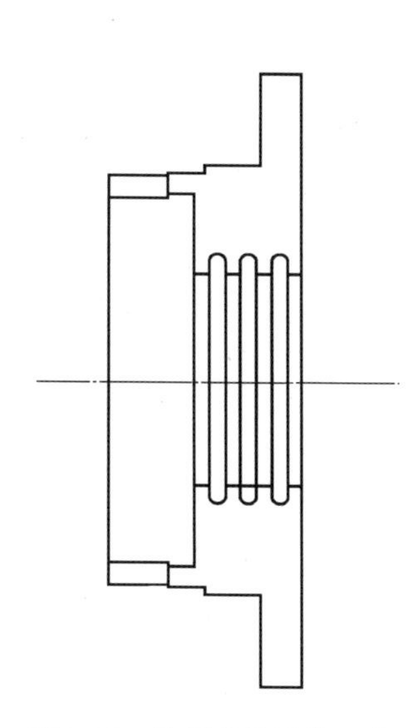

图 6-12　绘制盘类零件（十）

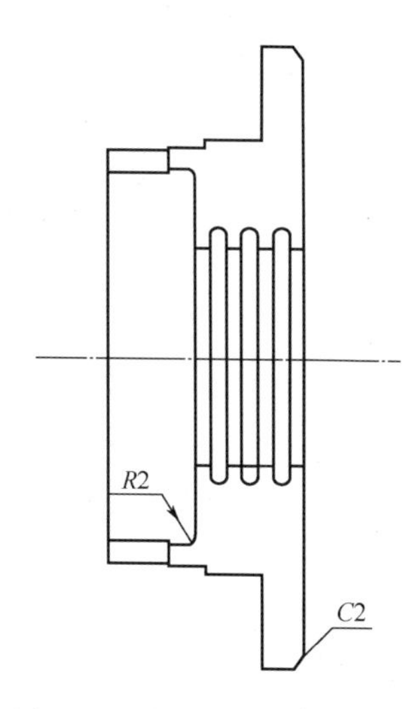

图 6-13　绘制盘类零件（十一）

⑬ 利用特性命令 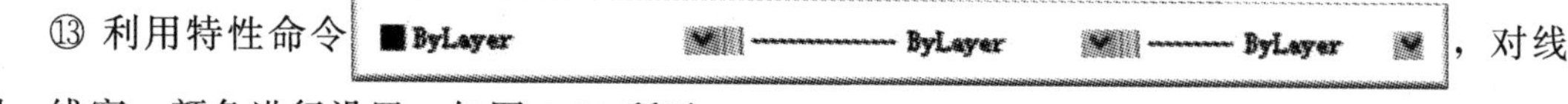

，对线型、线宽、颜色进行设置，如图 6-14 所示。

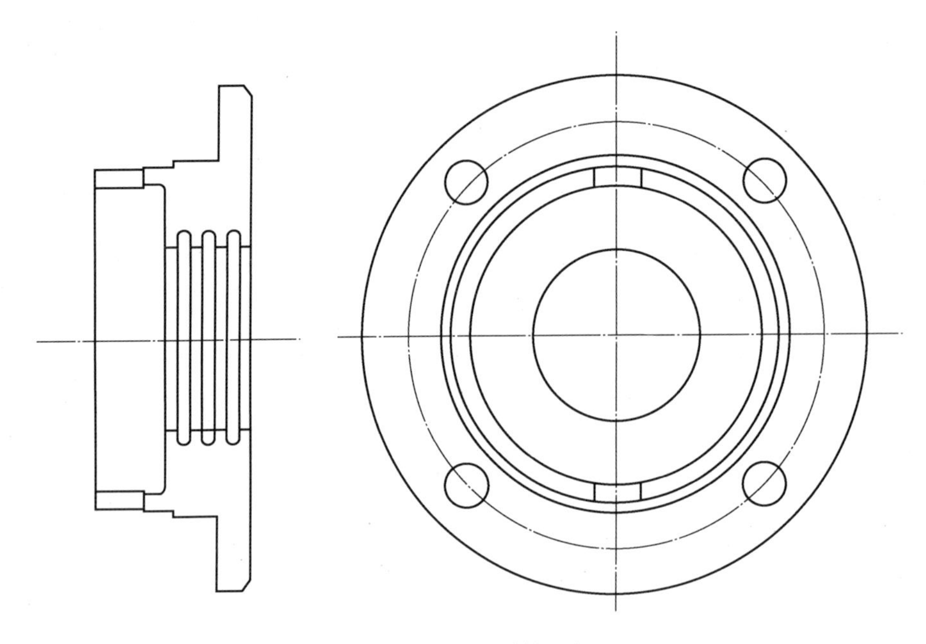

图 6-14 绘制盘类零件（十二）

⑭ 利用图案填充命令对图形进行图案填充，如图 6-15 所示。

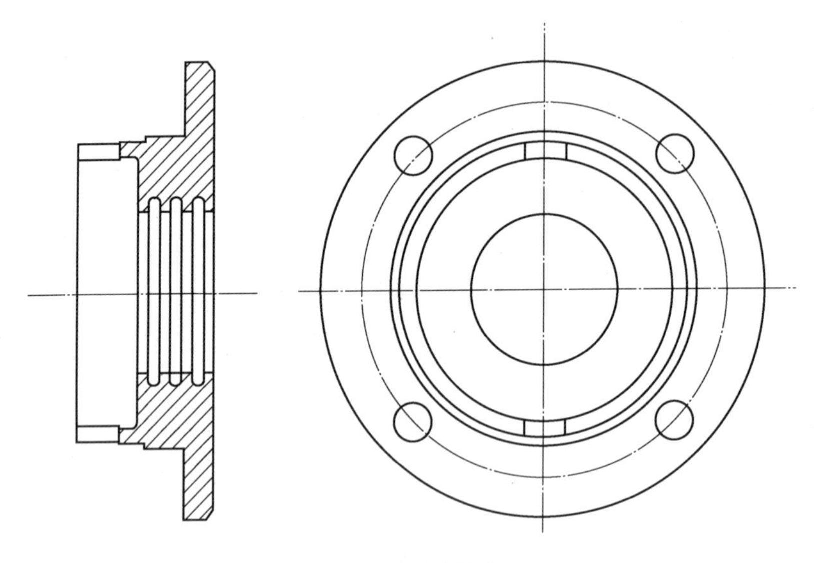

图 6-15 图案填充

⑮ 利用标注工具栏进行尺寸标注，如图 6-16 所示。

⑯ 练习扩展，如图 6-17 所示。

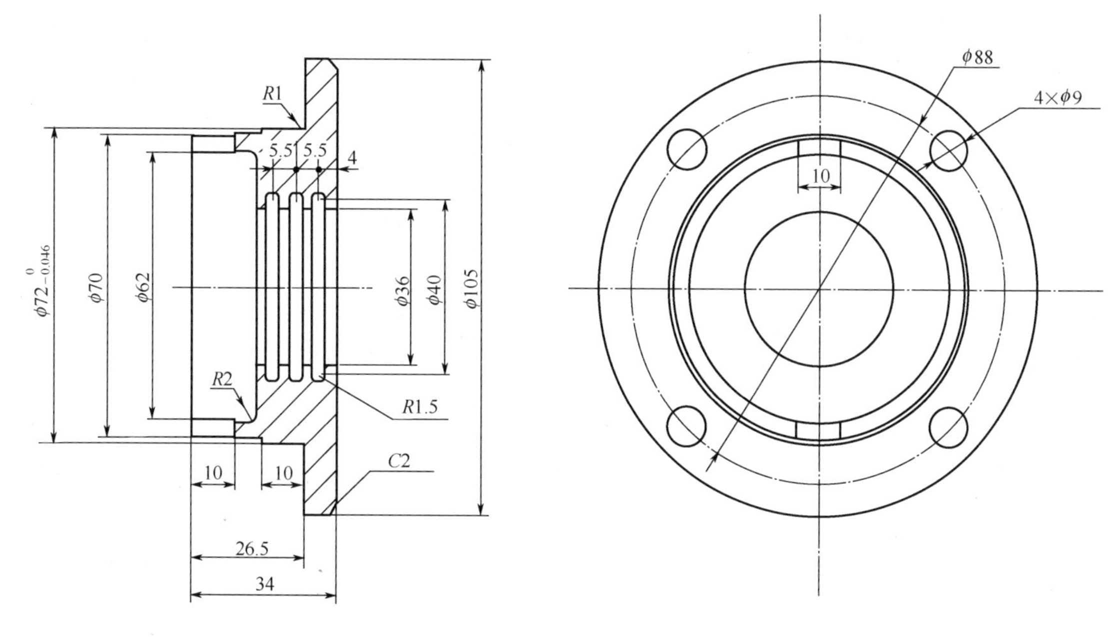

图 6-16　尺寸标注

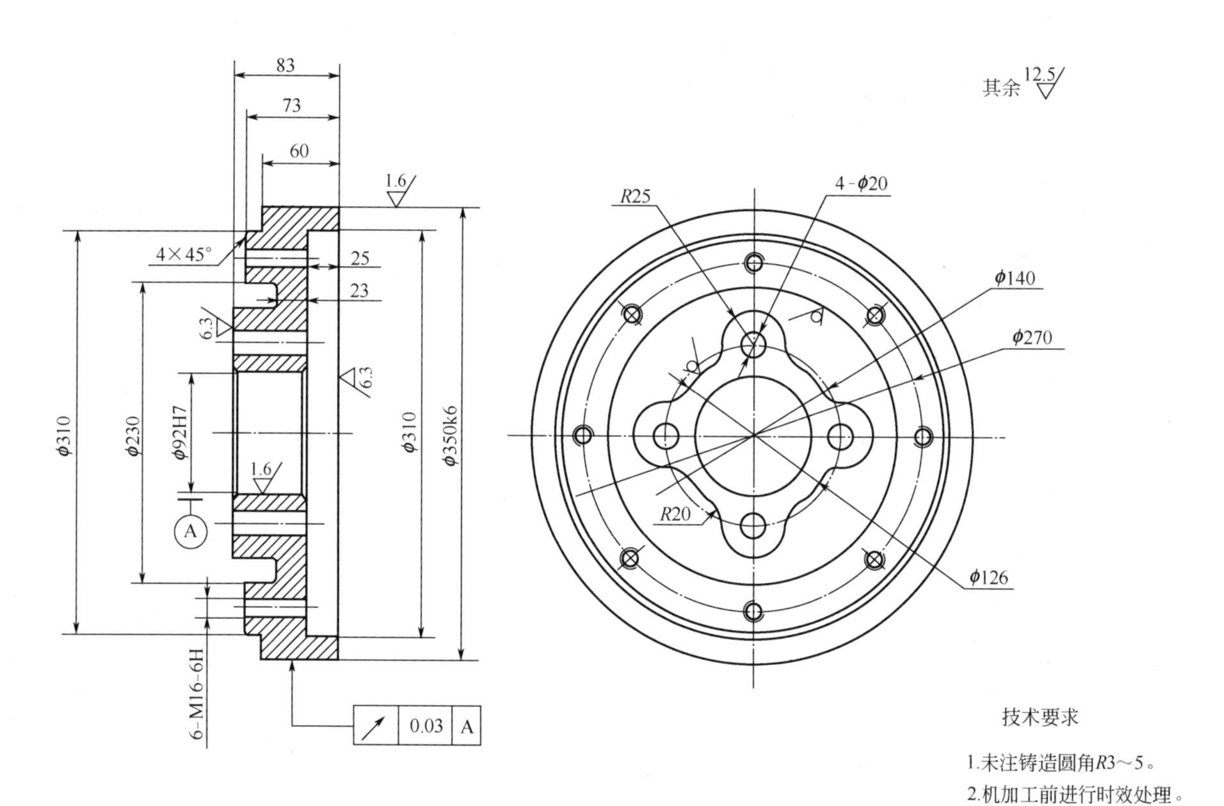

图 6-17　练习扩展

⑰ 学习过程评价　完成表 6-2 中的“学生自评”项目。

表 6-2　学习过程评价

评价项目及标准		配分	评分标准	学生自评	教师评分
职业技能	命令的使用	30	图形绘制正确		
	尺寸标注	20	错一个或少一个扣 1 分		
	文字书写	10	书写正确		
职业素养	出勤情况	10	1. 满勤:10 分 2. 旷课 1 节或迟到(早退)2 次以下:5 分 3. 旷课 1 节或迟到(早退)2 次以上:0 分		
	遵守课堂纪律情况	10	能严格遵守课堂纪律:10 分,能基本遵守课堂纪律:5 分,不能遵守课堂纪律:0 分		
	1. 计划落实情况,有无提问与记录 2. 是否主动参与情况	10	能按计划操作,能主动参与:5～10 分		
核心能力	1. 能否认真思考 2. 是否使用基本的文明礼貌用语 3. 能否自我学习及自我管理	10	能认真思考,文明礼貌,自我学习,自我管理:5～10 分		
合计		100	总分		

学习活动三　盘类零件三维图形的绘制

学习目标

① 掌握圆柱体的绘制。
② 掌握移动三维实体。
③ 掌握将二维平面拉伸成实体。
④ 掌握布尔运算构建复杂实体。
⑤ 掌握复制实体。

学习课时

4 学时

学习要点

① 圆柱体的绘制。
② 移动三维实体。
③ 复制实体。
④ 将二维平面拉伸成实体。
⑤ 布尔运算构建复杂实体。

学习过程

① 进入绘图界面　打开 CAD，进入绘图界面，在工作空间选择【三维建模】。

② 在视图工具条中，单击  中的 ，显示出东南等轴测视图窗口坐标，如图 6-18 所示。

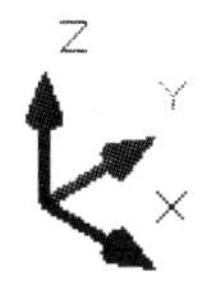

图 6-18　东南等轴测视图窗口坐标

③ 点击工具条中的圆柱命令，分别绘制 ϕ105 高 7.5、ϕ72 高 10、ϕ70 高 16.5、ϕ62 高 15、ϕ36 高 19 的圆柱，如图 6-19 所示。

图 6-19　绘制圆柱

④ 叠加 ϕ105 高 7.5、ϕ72 高 10、ϕ70 高 16.5 圆柱体。利用移动命令叠加三个圆柱。利用求和命令进行求和。如图 6-20 所示。

⑤ 用 ϕ62 高 15、ϕ36 高 19 的圆柱对步骤④中的实体进行切割。利用移动命令叠加圆柱。利用求差命令切割实体。如图 6-21 所示。

图 6-20　叠加与求和

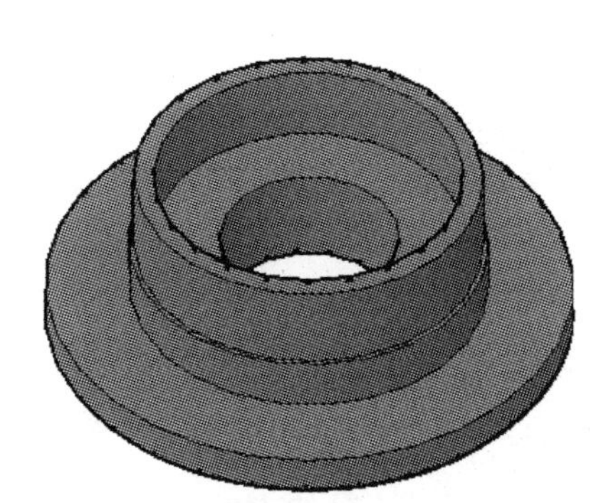

图 6-21　切割

⑥ 为了方便绘图，选择俯视图绘制 4 个 $\phi 9$ 通孔。首先画出 $\phi 88$ 定位圆，定位圆与 45°线交点为圆心绘制 $\phi 9$ 圆。利用环形阵列绘制其余 3 个圆。如图 6-22 所示。

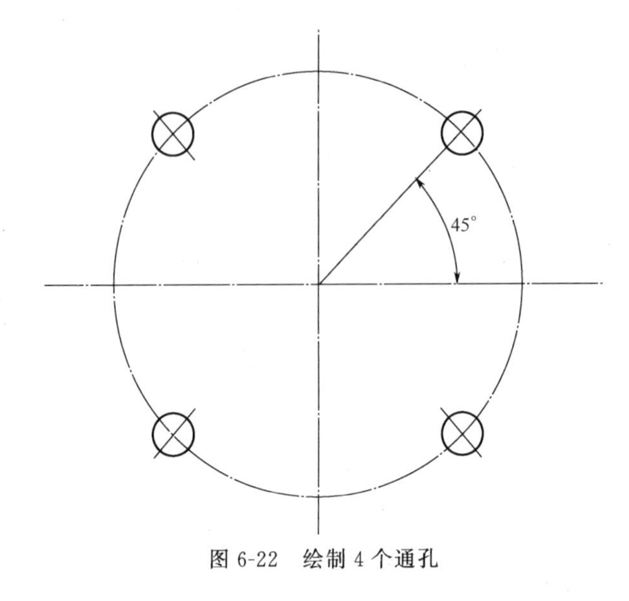

图 6-22 绘制 4 个通孔

⑦ 返回轴测图，删除中心线，对 4 个 $\phi 9$ 圆进行面域的构造。点击命令进行面域的构造，如图 6-23 所示。

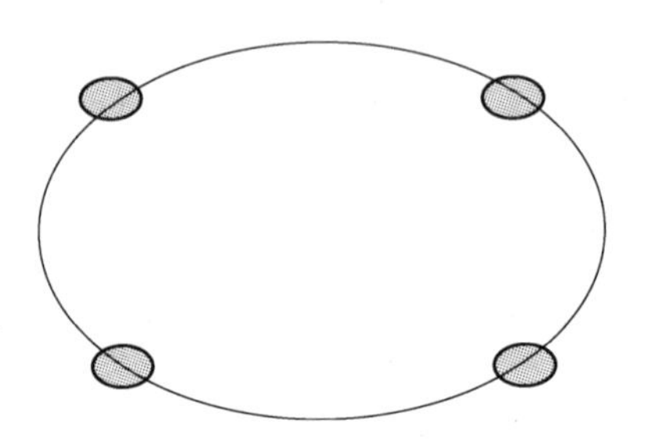

图 6-23 面域构造

⑧ 拉伸 4 个圆成实体。点击拉伸命令进行拉伸，如图 6-24 所示。

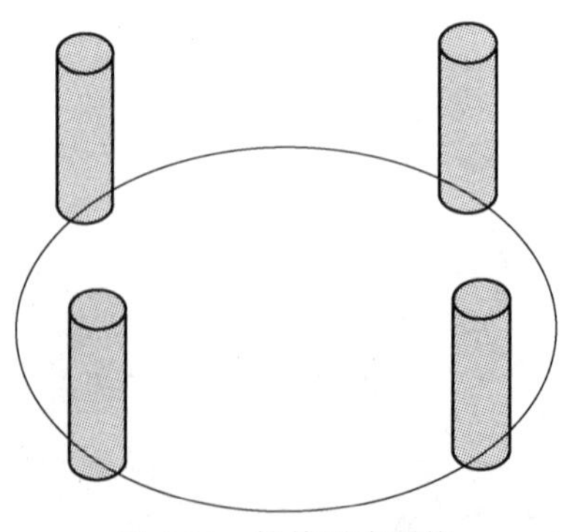

图 6-24 拉伸圆成圆柱

⑨ 移动 4 个圆柱，并且求差，如图 6-25 所示。

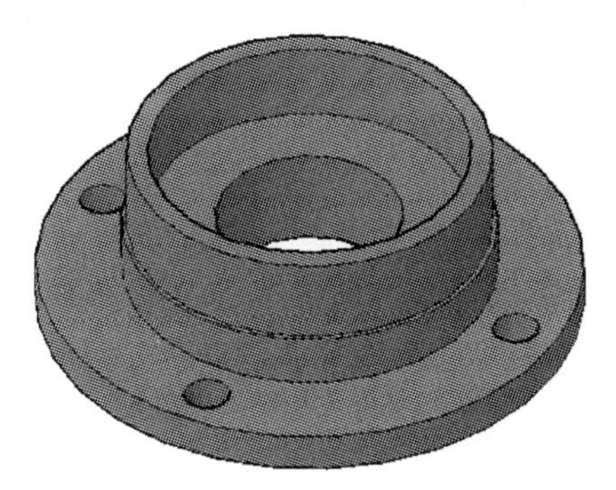

图 6-25　移动 4 个圆柱

⑩ 绘制沟槽。首先画出 ϕ40 定位圆，并且利用 UCS 中旋转坐标。如图 6-26 所示。

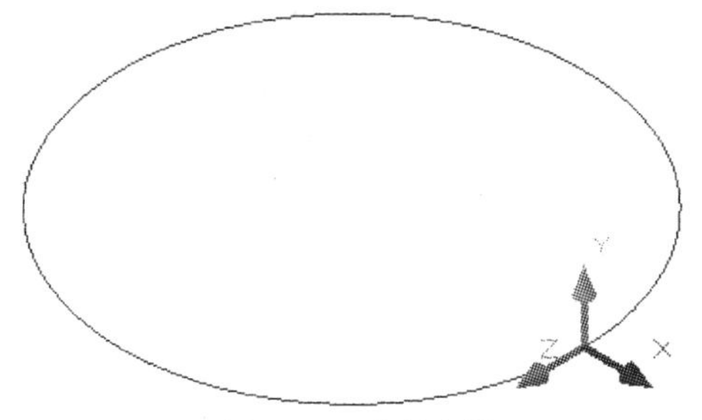

图 6-26　绘制沟槽

⑪ 绘制沟槽截面，构造面域，如图 6-27 所示。

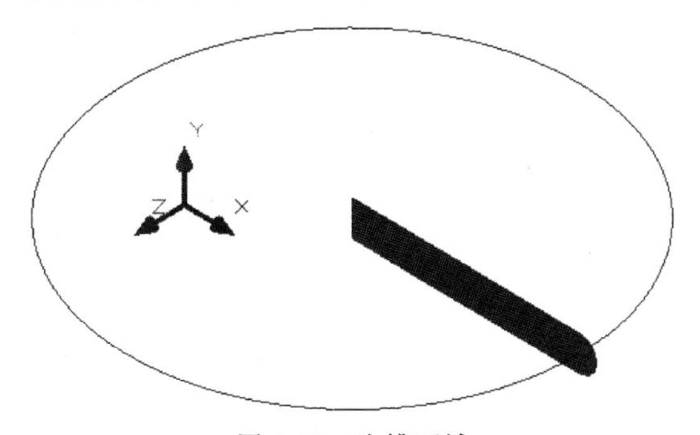

图 6-27　沟槽面域

⑫ 旋转二维对象形成实体。点击旋转命令进行旋转，如图 6-28 所示。

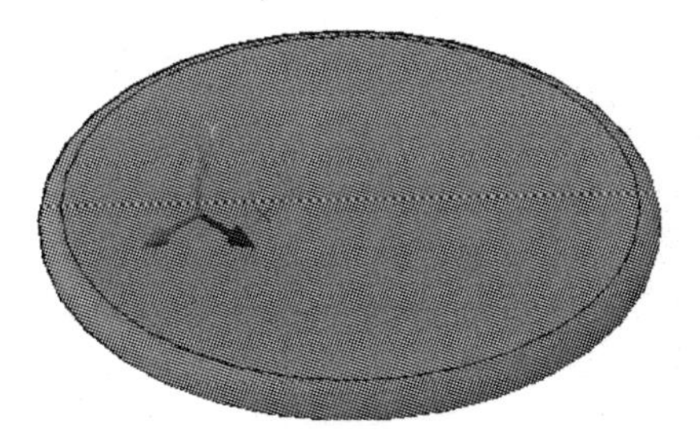

图 6-28　旋转

⑬ 复制距离为 5.5mm 的另外两个沟槽，如图 6-29 所示。

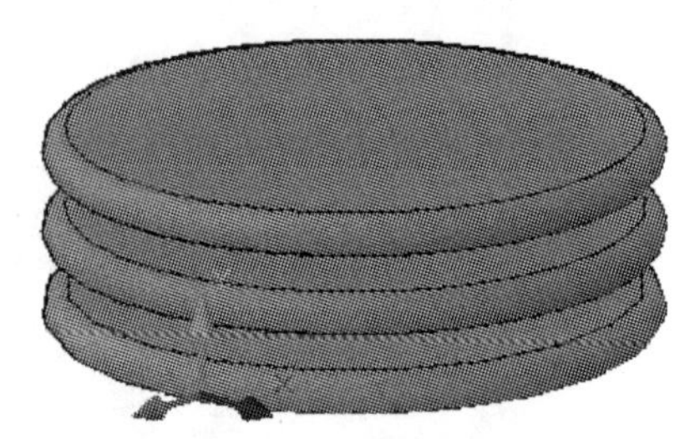

图 6-29 复制沟槽

⑭ 移动对象，并且进行求差操作，如图 6-30 所示。

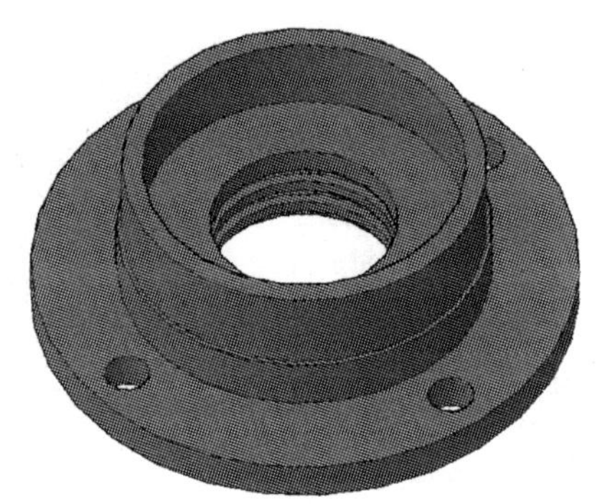

图 6-30 求差

⑮ 对零件进行倒圆角、倒角操作，如图 6-31 所示。

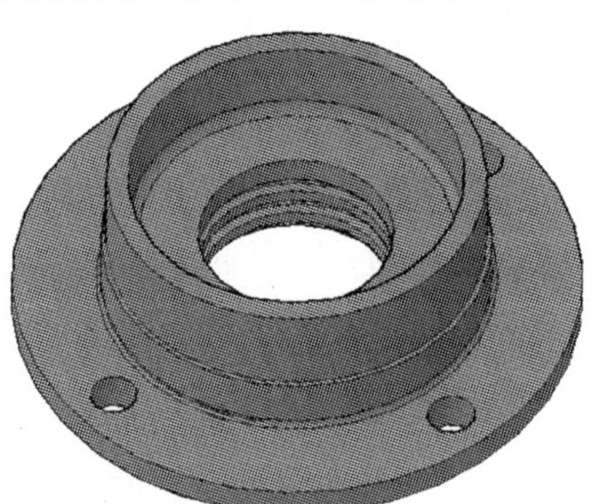

图 6-31 倒圆角、倒角操作

⑯ 绘制宽度为 10 的凹槽，如图 6-32 所示。

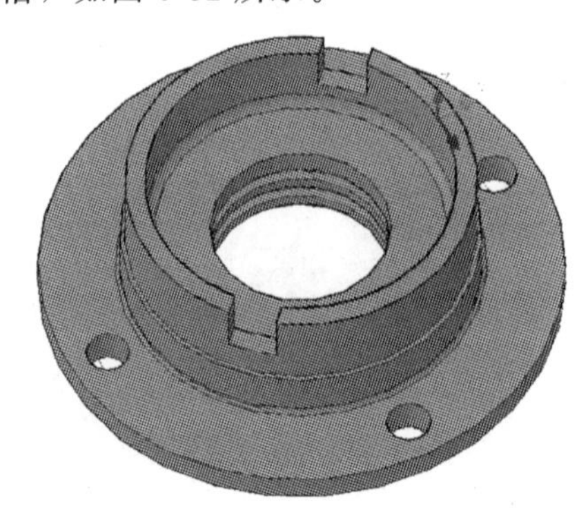

图 6-32 绘制凹槽

⑰ 学习过程评价　完成表 6-3 中的“学生自评”项目。

表 6-3　学习过程评价

评价项目及标准		配分	评分标准	学生自评	教师评分
职业技能	命令的使用	30	图形形状准确		
	体积相等	30			
职业素养	出勤情况	10	1. 满勤:10 分 2. 旷课 1 节或迟到(早退)2 次以下:5 分 3. 旷课 1 节或迟到(早退)2 次以上:0 分		
	遵守课堂纪律情况	10	能严格遵守课堂纪律:10 分,能基本遵守课堂纪律:5 分,不能遵守课堂纪律:0 分		
	1. 计划落实情况,有无提问与记录 2. 是否主动参与情况	10	能按计划操作,能主动参与:5～10 分		
核心能力	1. 能否认真思考 2. 是否使用基本的文明礼貌用语 3. 能否自我学习及自我管理	10	能认真思考,文明礼貌,自我学习,自我管理:5～10 分		
合计		100	总分		

任务七
箱体类零件图绘制

一、任务描述

要求用 AutoCAD 绘制减速箱箱体的零件图（图 7-1）与轴测图（图 7-2）。

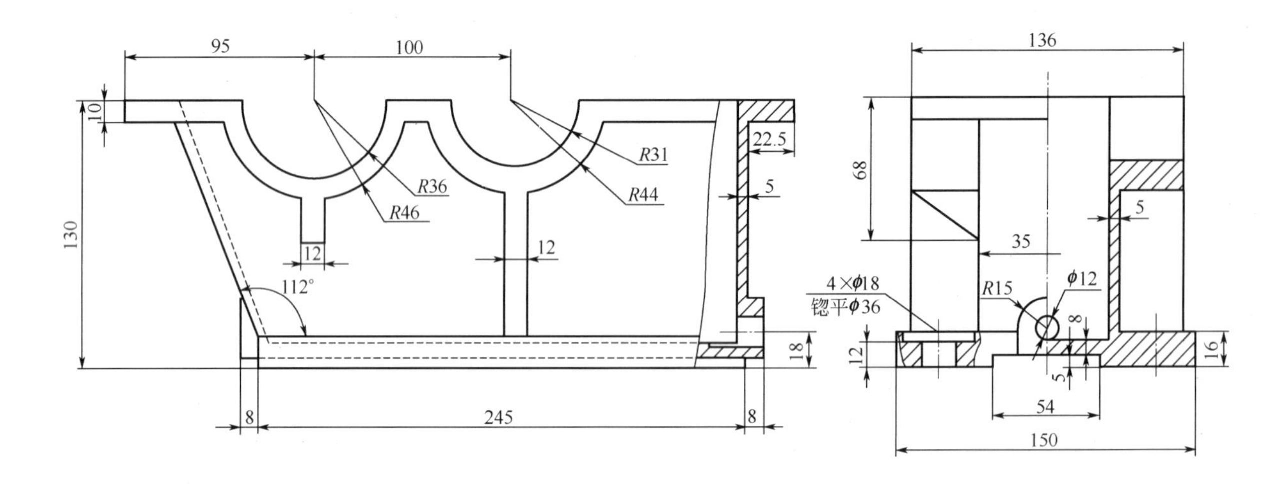

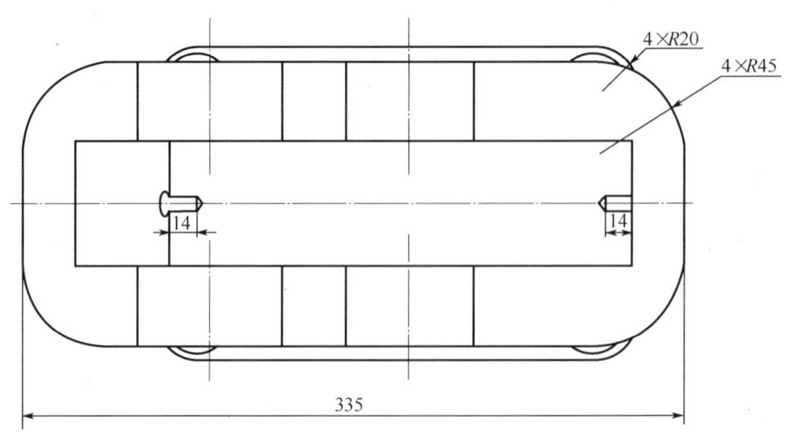

图 7-1　箱体零件图

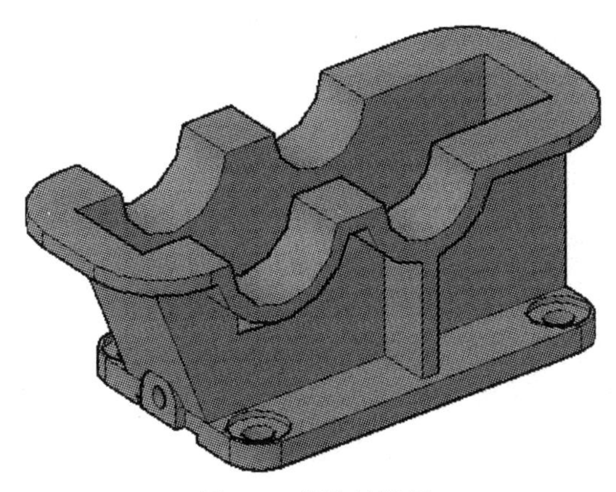

图 7-2　箱体轴测图

二、学习目标

① 能用 AutoCAD 完成箱体类零件二维图形的绘制。
② 能用 AutoCAD 完成箱体类零件三维建模。
③ 能对箱体类零件进行尺寸标注。
④ 能书写箱体类零件的技术要求。

三、学时

建议学时：10 学时

四、学习活动

学习活动一　接受任务、制定工作计划
学习活动二　箱体类零件二维图形的绘制
学习活动三　箱体类零件三维图形的绘制

学习活动一　接受任务、制定工作计划

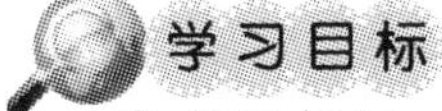

① 接受任务，了解任务。
② 阅读任务书，分析任务书。
③ 制定工作计划。
④ 能主动获取有效信息，积极参与，并能与他人进行有效的沟通。

学习课时

2 学时

学习要点

① 接受任务。
② 分析任务书。

③ 制定工作计划。

学习过程

① 此零件由哪些结构组成？

② 组合体的主要类型有叠加型和切割型。分析此零件叠加和切割分别有哪些？

③ 此零件图有几种剖视图？分别表达哪些结构？

④ 主视图主要表达零件哪些结构？

⑤ 学习过程评价

完成表 7-1 中的“学生自评”项目。

表 7-1　学习过程评价

评价项目及标准		配分	评分标准	学生自评	教师评分
职业技能	1. 积极开展工作	10			
	2. 阅读与分析任务书	40			
	3. 参与学习	10			
职业素养	出勤情况	10	1. 满勤:10 分 2. 旷课 1 节或迟到(早退)2 次以下:5 分 3. 旷课 1 节或迟到(早退)2 次以上:0 分		
	遵守课堂纪律情况	10	能严格遵守课堂纪律:10 分,能基本遵守课堂纪律:5 分,不能遵守课堂纪律:0 分		
	1. 计划落实情况,有无提问与记录 2. 是否主动参与情况	10	能按计划操作,能主动参与:5～10 分		
核心能力	1. 能否认真思考 2. 是否使用基本的文明礼貌用语 3. 能否自我学习及自我管理	10	能认真思考,文明礼貌,自我学习,自我管理:5～10 分		
合计		100	总分		

学习活动二　箱体类零件二维图形的绘制

学习目标

① 掌握直线、圆、倒角、偏移、复制、修剪、特性、图案填充等命令的使用。

② 掌握尺寸标注和文字书写。

③ 掌握三视图绘制的方法和技巧。

学习课时

4 学时

学习要点

① 用直线、圆、倒角、偏移、复制、修剪、特性、图案填充等命令绘制图形。

② 对图形尺寸进行标注和文字书写。

学习过程

① 进入绘图界面　打开 AutoCAD，进入绘图界面，在工作空间选择【二维草图与注释】。

② 打开极轴追踪、对象捕捉及捕捉追踪功能，设置追踪角度为【90】。在绘图工具栏中，单击直线命令绘制底板三视图，如图 7-3 所示。

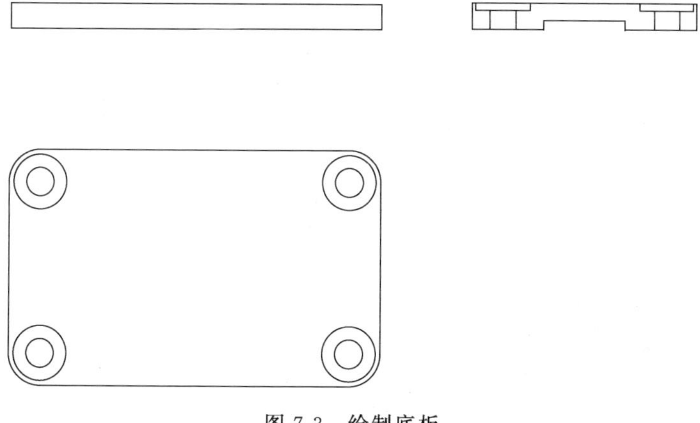

图 7-3　绘制底板

③ 绘制中间板，如图 7-4 所示。

图 7-4　绘制中间板

④ 绘制油塞孔外形及上板，如图 7-5 所示。

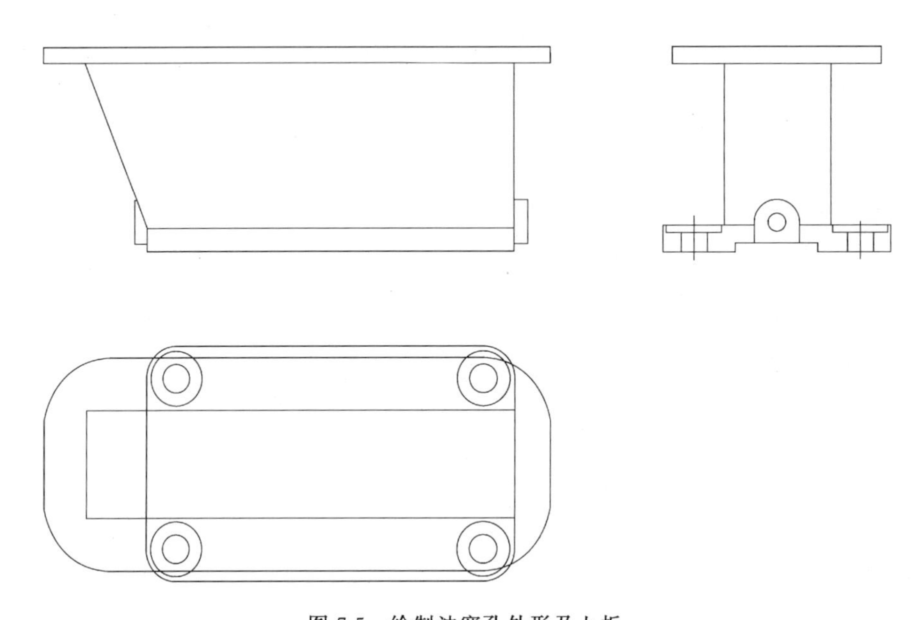

图 7-5 绘制油塞孔外形及上板

⑤ 绘制轴承座孔，如图 7-6 所示。

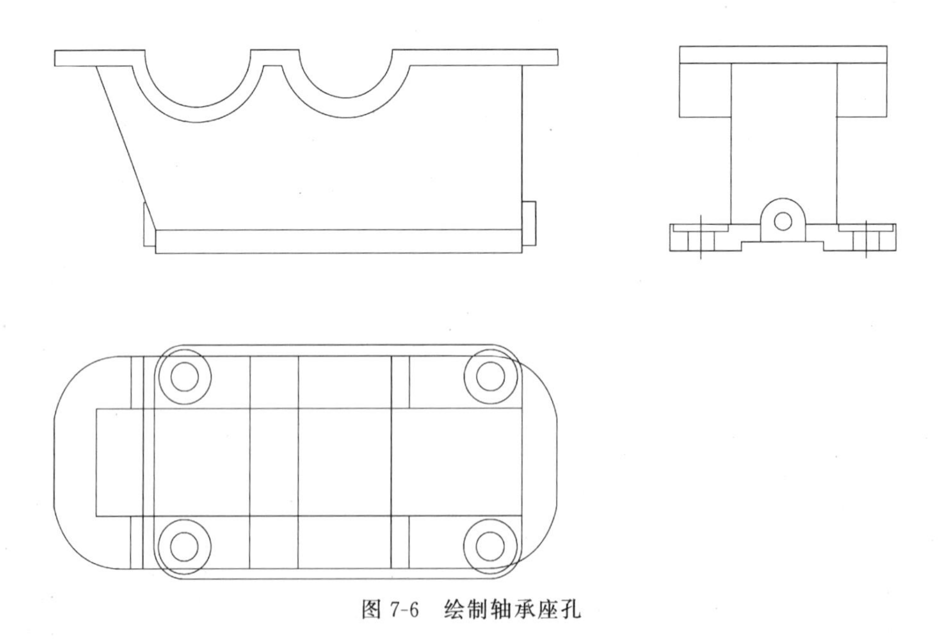

图 7-6 绘制轴承座孔

⑥ 绘制加强肋，如图 7-7 所示。

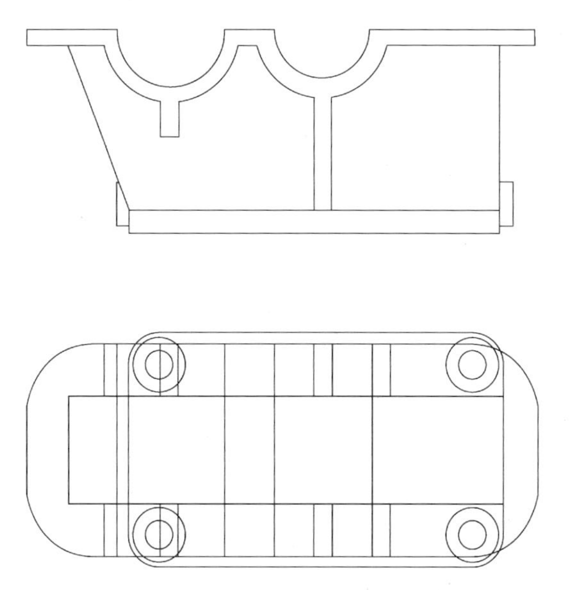

图 7-7　绘制加强肋

⑦ 绘制中间型腔，如图 7-8 所示。

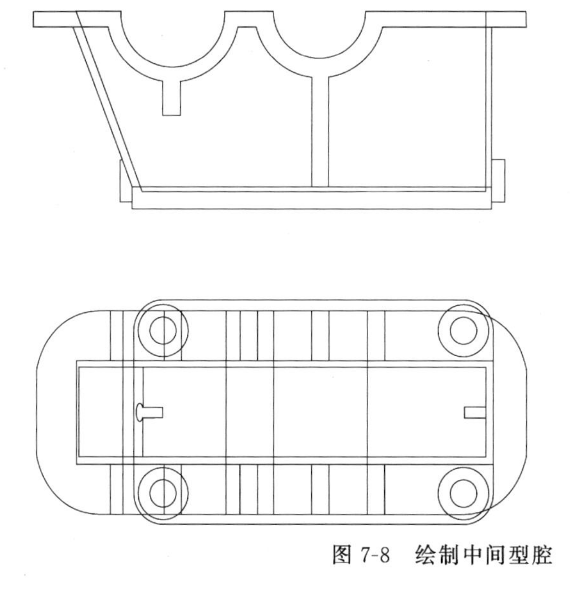

图 7-8　绘制中间型腔

⑧ 用特性工具栏对线条进行处理，如图 7-9 所示。

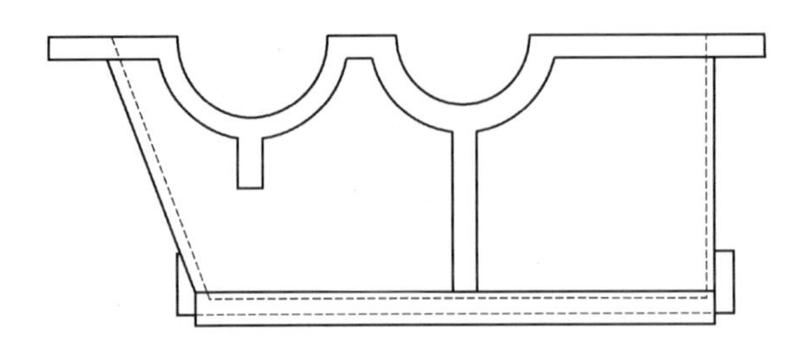

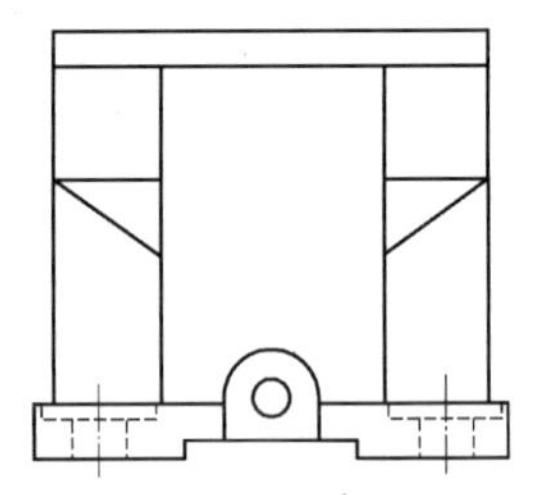

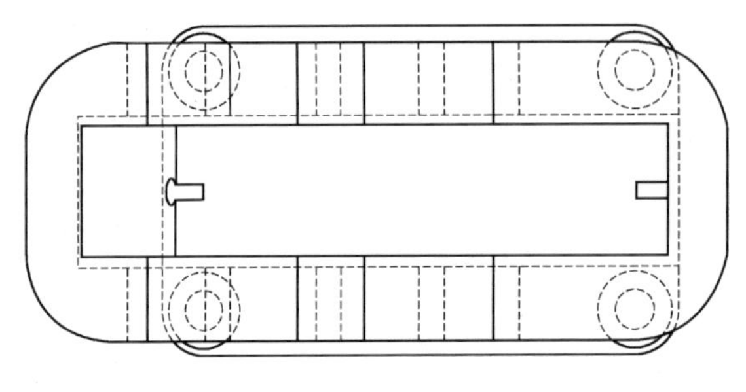

图 7-9　处理线条

⑨ 对主视图进行局部剖，如图 7-10 所示。

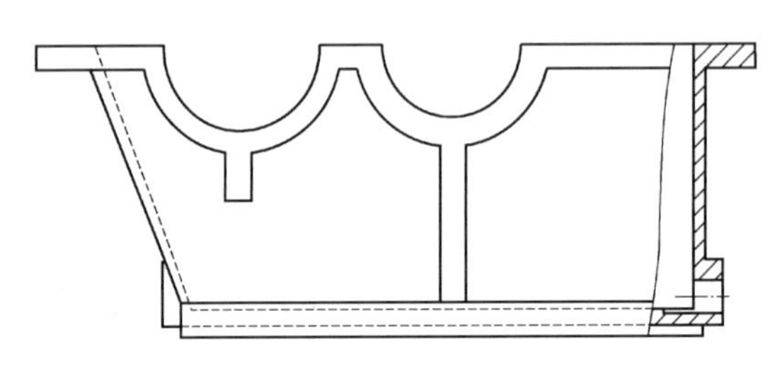

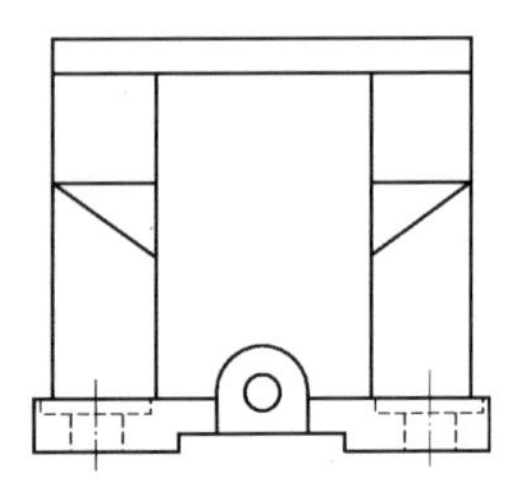

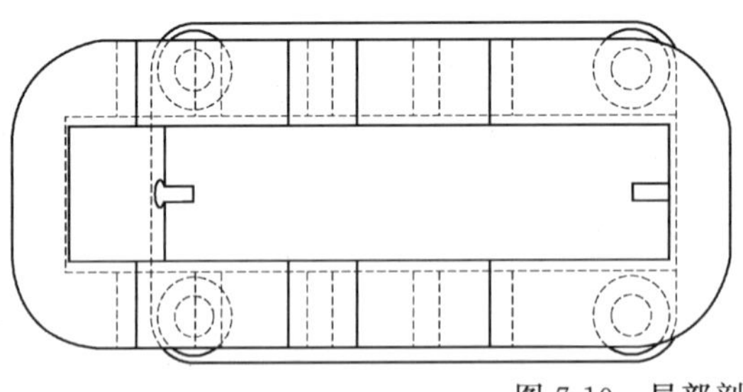

图 7-10　局部剖

⑩ 修改俯视图，如图 7-11 所示。

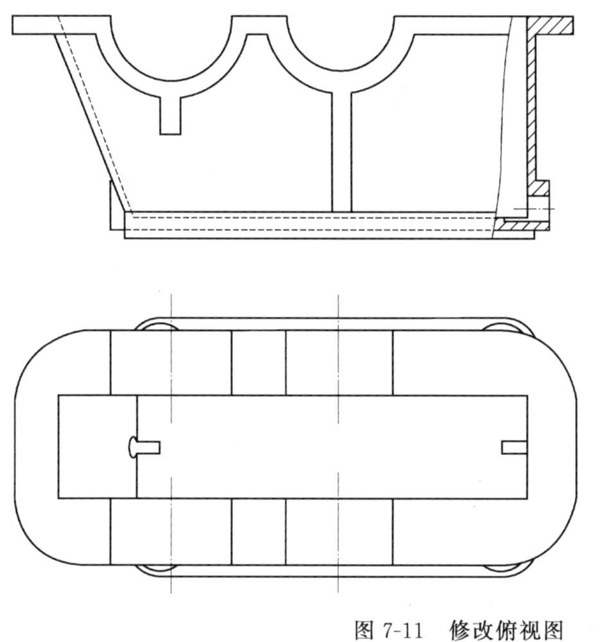

图 7-11　修改俯视图

⑪ 对左视图进行剖视，如图 7-12 所示。

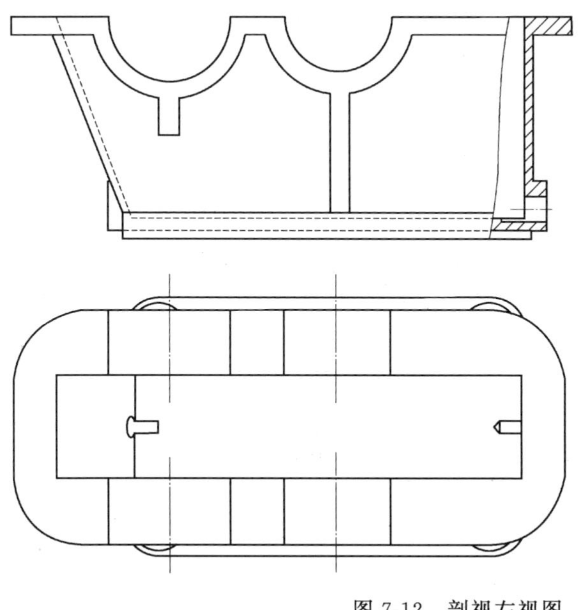

图 7-12　剖视左视图

⑫ 对三视图进行尺寸标注，如图 7-13 所示。

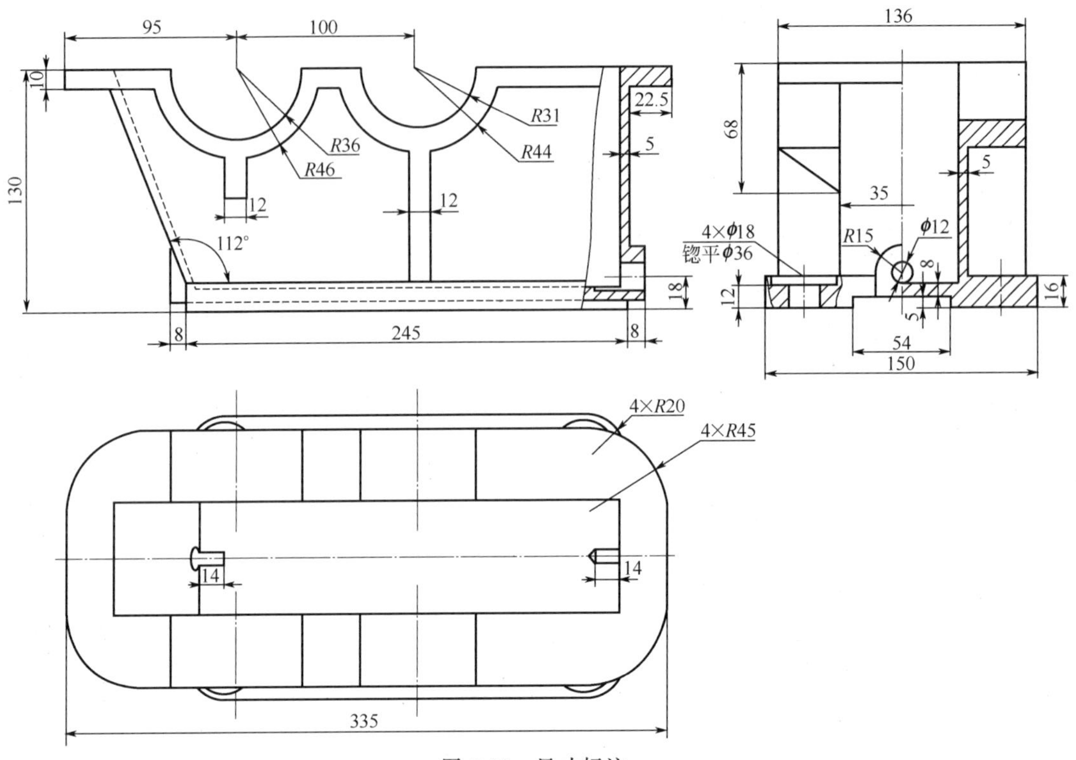

图 7-13 尺寸标注

⑬ 学习过程评价

完成表 7-2 中的“学生自评”项目。

表 7-2 学习过程评价

评价项目及标准		配分	评分标准	学生自评	教师评分
职业技能	命令的使用	30	图形绘制正确		
	尺寸标注	20	错一个或少一个扣 1 分		
	文字书写	10	书写正确		
职业素养	出勤情况	10	1.满勤:10 分 2.旷课 1 节或迟到(早退)2 次以下:5 分 3.旷课 1 节或迟到(早退)2 次以上:0 分		
	遵守课堂纪律情况	10	能严格遵守课堂纪律:10 分,能基本遵守课堂纪律:5 分,不能遵守课堂纪律:0 分		
	1.计划落实情况,有无提问与记录 2.是否主动参与情况	10	能按计划操作,能主动参与:5～10 分		
核心能力	1.能否认真思考 2.是否使用基本的文明礼貌用语 3.能否自我学习及自我管理	10	能认真思考,文明礼貌,自我学习,自我管理:5～10 分		
合计		100	总分		

学习活动三　箱体类零件三维图形的绘制

学习目标

① 掌握圆柱体的绘制。
② 掌握移动三维实体。
③ 掌握将二维平面拉伸成实体。
④ 掌握布尔运算构建复杂实体。
⑤ 掌握复制实体。

学习课时

4 学时

学习要点

① 圆柱体的绘制。
② 移动三维实体。
③ 复制实体。
④ 将二维平面拉伸成实体。
⑤ 布尔运算构建复杂实体。

学习过程

① 进入绘图界面　打开 CAD，进入绘图界面，在工作空间选择【三维建模】。

② 在视图工具条中，单击 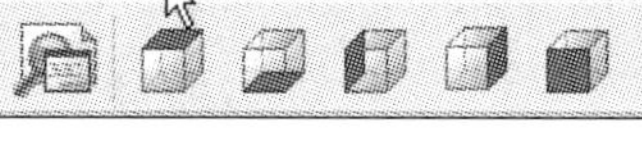 中的 ，显示出东南等轴测视图窗口坐标，如图 7-14 所示。

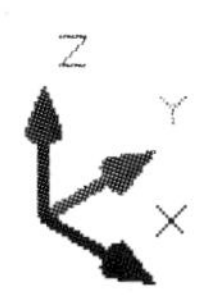

图 7-14　东南等轴测视图窗口坐标

③ 绘制底板，如图 7-15 所示。

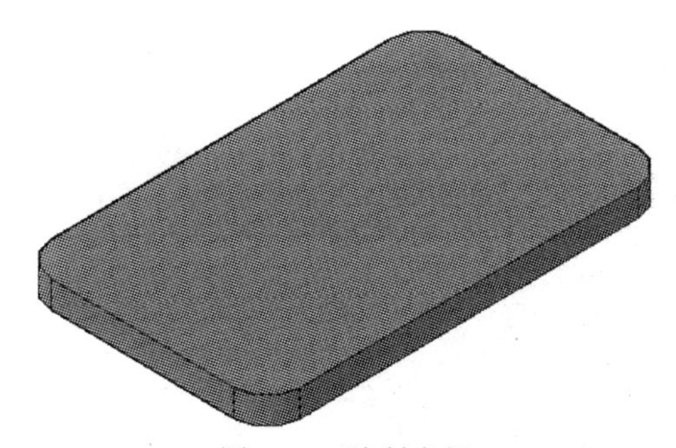

图 7-15　绘制底板

④ 绘制最底端矩形槽，如图 7-16 所示。

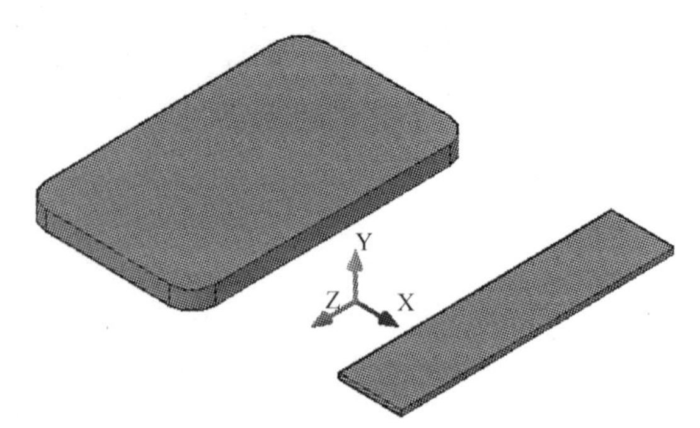

图 7-16　绘制矩形槽

⑤ 移动矩形槽，并进行差集，如图 7-17 所示。

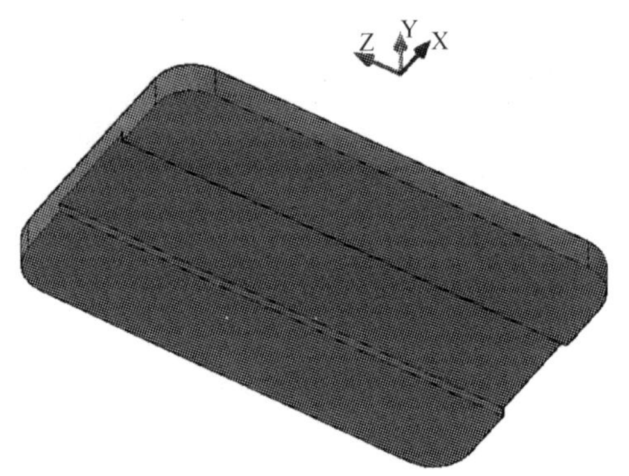

图 7-17　移动矩形槽

⑥ 绘制沉头孔实体，如图 7-18 所示。

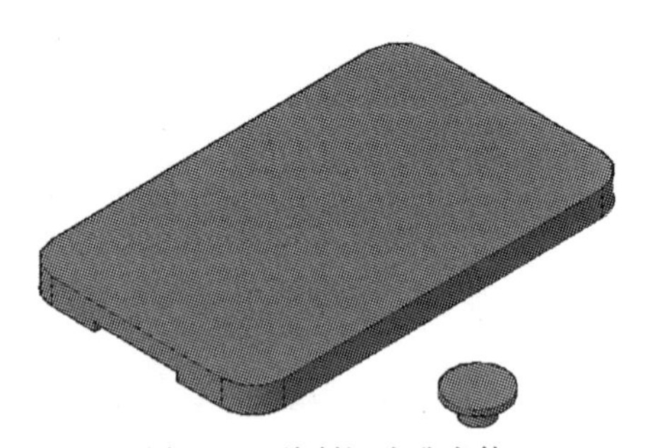

图 7-18　绘制沉头孔实体

⑦ 复制三个沉头孔实体，移动到正确的位置，如图 7-19 所示。

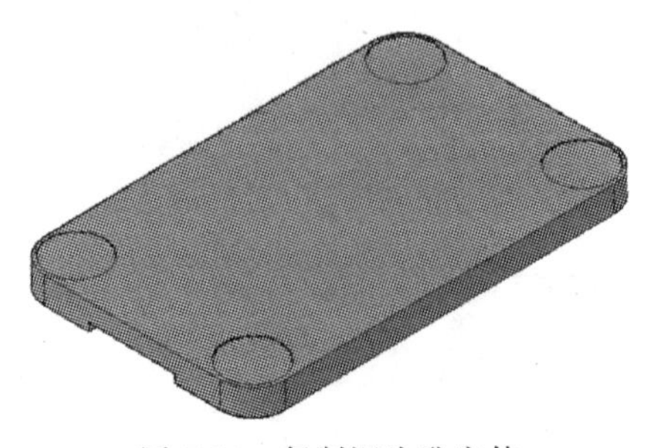

图 7-19　复制沉头孔实体

⑧ 差集，如图 7-20 所示。

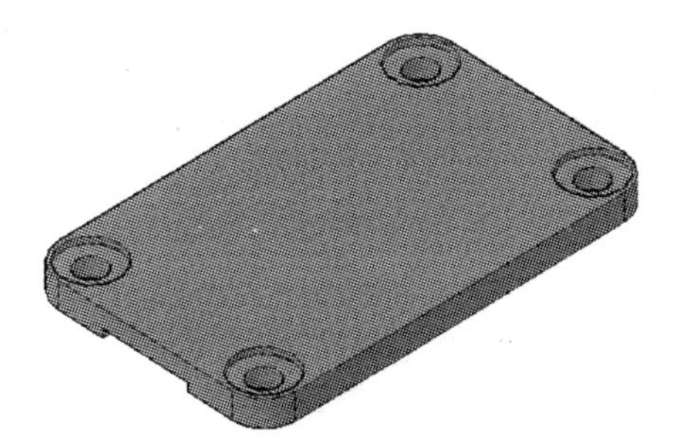

图 7-20 差集

⑨ 绘制中间部分，如图 7-21 所示。

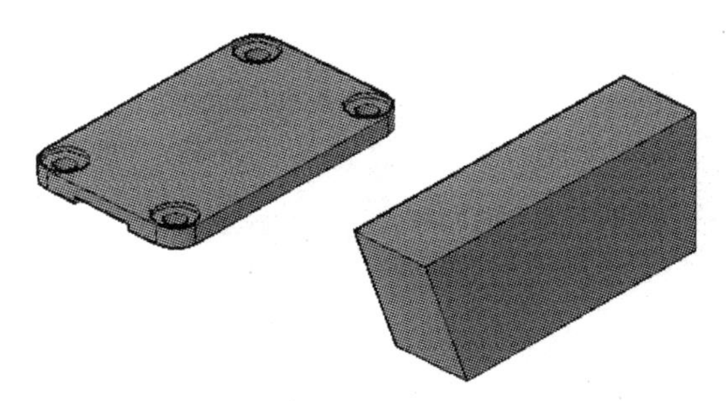

图 7-21 绘制中间部分

⑩ 移动到正确的位置，如图 7-22 所示。

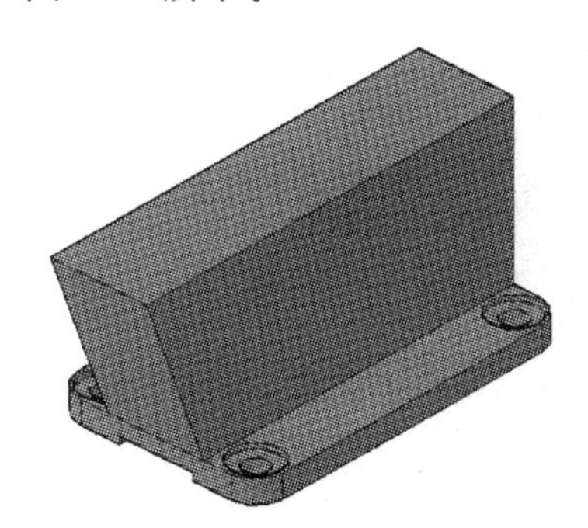

图 7-22 移动中间部分

⑪ 绘制底端油塞孔外形，如图 7-23 所示。

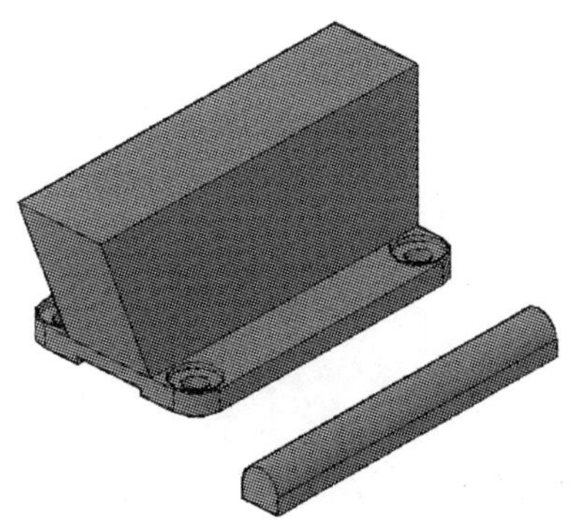

图 7-23 绘制油塞孔外形

⑫ 移动到正确的位置，如图 7-24 所示。

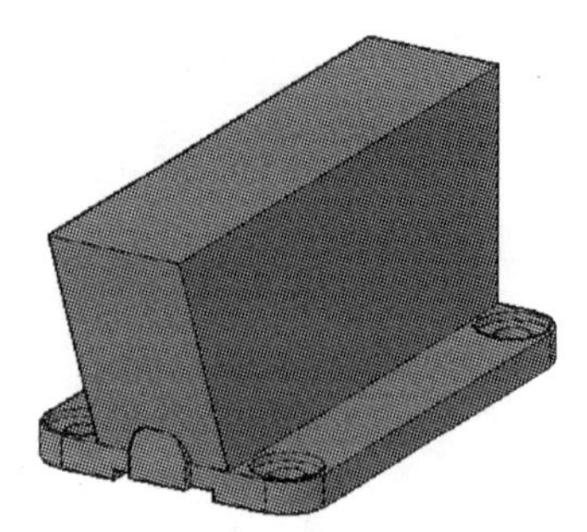

图 7-24　移动油塞孔

⑬ 绘制油塞孔，如图 7-25 所示。

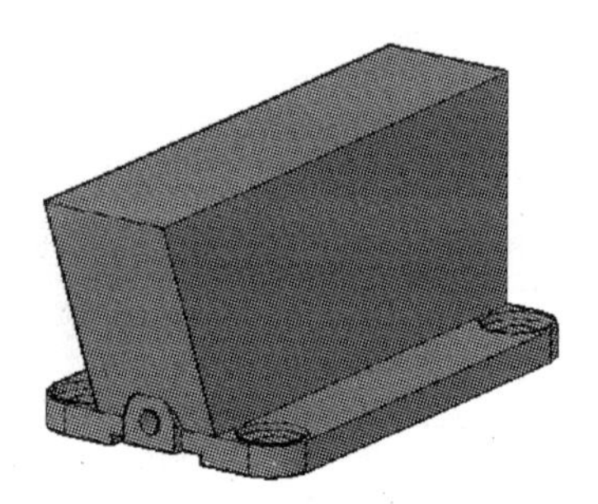

图 7-25　绘制油塞孔

⑭ 绘制顶端部分，如图 7-26 所示。

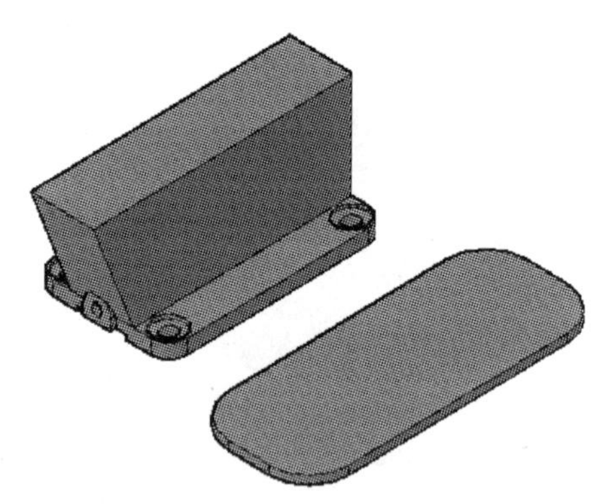

图 7-26　绘制顶端部分

⑮ 移动到正确的位置，如图 7-27 所示。

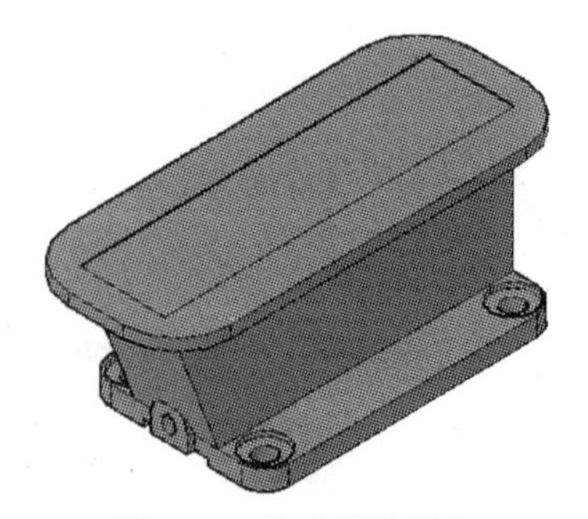

图 7-27　移动顶端部分

⑯ 绘制安装轴承的轴承孔外形，如图 7-28 所示。

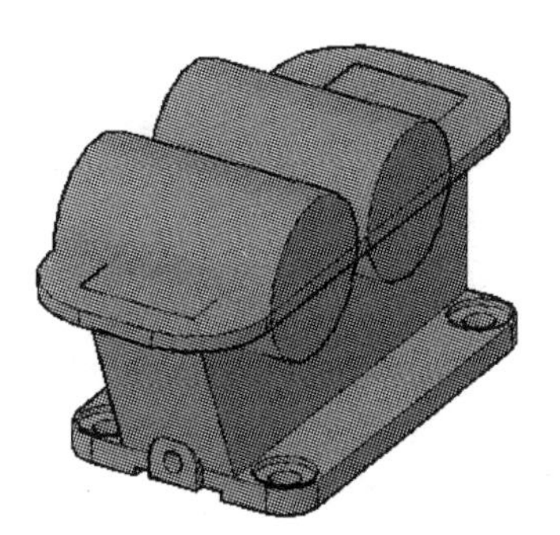

图 7-28　绘制轴承孔外形

⑰ 绘制两侧支撑肋，如图 7-29 所示。

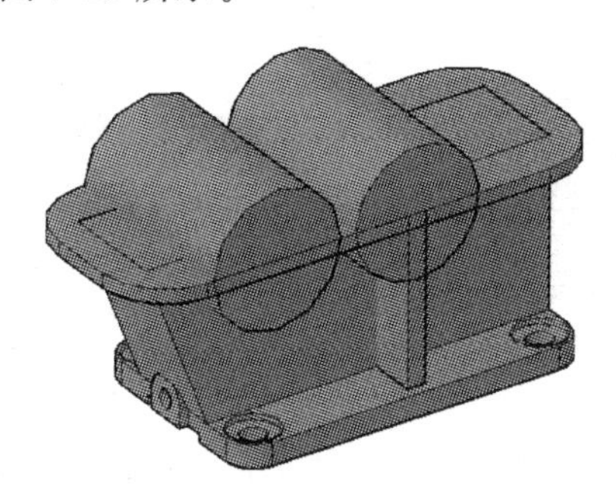

图 7-29　绘制两侧支撑肋

⑱ 绘制两侧吊耳，如图 7-30 所示。

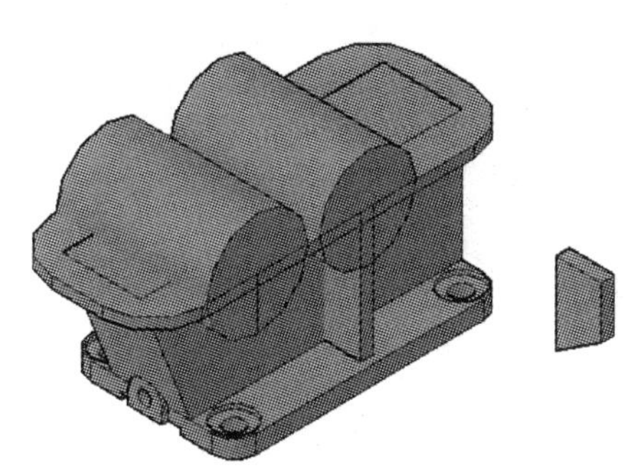

图 7-30　绘制两侧吊耳

⑲ 移动到正确的位置，如图 7-31 所示。

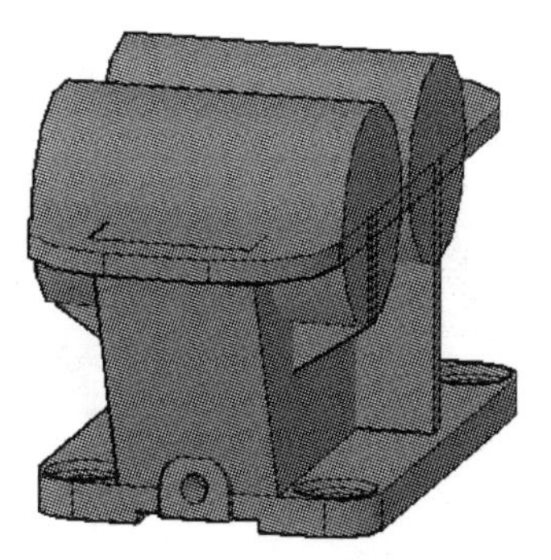

图 7-31　移动吊耳

⑳ 利用剖切命令切除多余部分，如图 7-32 所示。

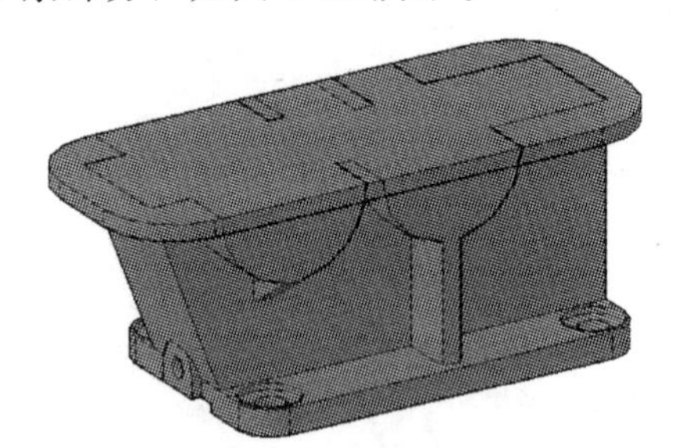

图 7-32　切除多余部分

㉑ 绘制中间齿轮槽，如图 7-33 所示。

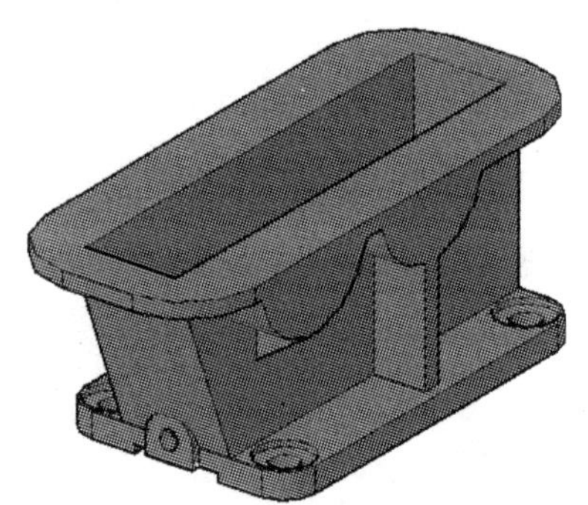

图 7-33　绘制中间齿轮槽

㉒ 绘制轴承孔，如图 7-34 所示。

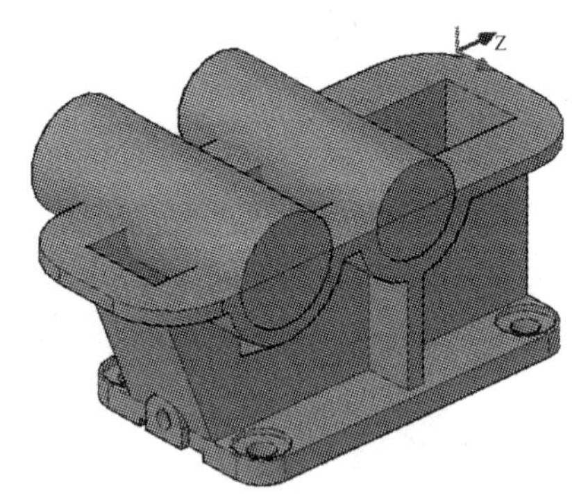

图 7-34　绘制轴承孔

㉓ 进行差集操作，如图 7-35 所示。

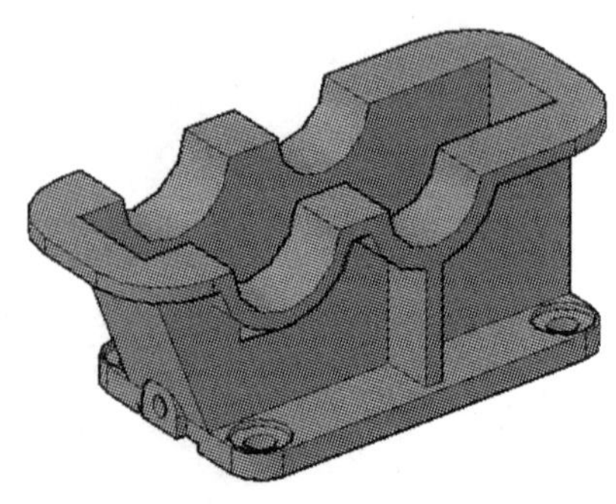

图 7-35　差集

㉔ 学习过程评价

完成表 7-3 中的“学生自评”项目。

表 7-3 学习过程评价

评价项目及标准		配分	评分标准	学生自评	教师评分
职业技能	命令的使用	30	图形绘制正确		
		20			
		10			
职业素养	出勤情况	10	1.满勤:10 分 2. 旷课 1 节或迟到(早退)2 次以下:5 分 3. 旷课 1 节或迟到(早退)2 次以上:0 分		
	遵守课堂纪律情况	10	能严格遵守课堂纪律:10 分,能基本遵守课堂纪律:5 分,不能遵守课堂纪律:0 分		
	1. 计划落实情况,有无提问与记录 2. 是否主动参与情况	10	能按计划操作,能主动参与 5～10 分		
核心能力	1. 能否认真思考 2. 是否使用基本的文明礼貌用语 3. 能否自我学习及自我管理	10	能认真思考,文明礼貌,自我学习,自我管理:5～10 分		
合计		100	总分		

任务八 CAXA 构建线框造型

一、工作任务

1. 任务描述

要使用 CAXA 制造工程进行数控铣床或加工中心的辅助编辑，就要先学习 CAXA 制造工程师的应用基础。

2. 工作（学习）要求

要求在学习时，充分利用一体化教室的网络信息和教学资源库，通过查阅、检索来学习网络上 CAXA 制造工程师的相关知识。

二、学习目标

① 熟悉 CAXA 制造工程师的启动、保存、退出，创建文件夹，转换数据格式。

② 熟悉 CAXA 制造工程师操作界面，能根据所需的功能找到对应的命令。

③ 掌握主要快捷键的使用方法。

④ 掌握基准平面构造方法。

⑤ 掌握草图创建及修改的方法。

⑥ 掌握曲线生成工具的应用。

⑦ 掌握曲线编辑工具的应用。

三、学时

建议学时：12 学时

四、学习活动

学习活动一　认识 CAXA 制造工程师的用户界面和主要菜单

学习活动二　应用草图绘图

学习活动三　应用直线、圆、圆弧、矩形和正多边形绘图

学习活动四　应用镜像、旋转、阵列、过渡、裁剪等指令修改图形

学习活动一　认识CAXA制造工程师的用户界面和主要菜单

学习目标

① 接受任务，能正确阅读任务书，分析任务书。
② 了解CAXA制造工程师软件操作界面。
③ 掌握文件存储和数据交换方法。
④ 掌握主要快捷键的使用方法。

学习课时

2学时

学习要点

① CAXA制造工程师软件各种功能的操作方法。
② 坐标输入方法。
③ 视向转换方法。

学习过程

CAXA制造工程师的用户界面（图8-1）是全中文界面，和其他Windows风格的软件一样，各种应用功能通过菜单和工具条驱动。状态栏指导用户进行操作并提示当前状态和所处位置。特征树记录了历史操作和相互关系。绘图区显示各种功能操作的结果。同时，绘图区和特征树为用户提供了数据的交互的功能。

制造工程师工具条中每一个按钮都对应一个菜单命令，单击按钮和单击菜单命令是完全一样的。

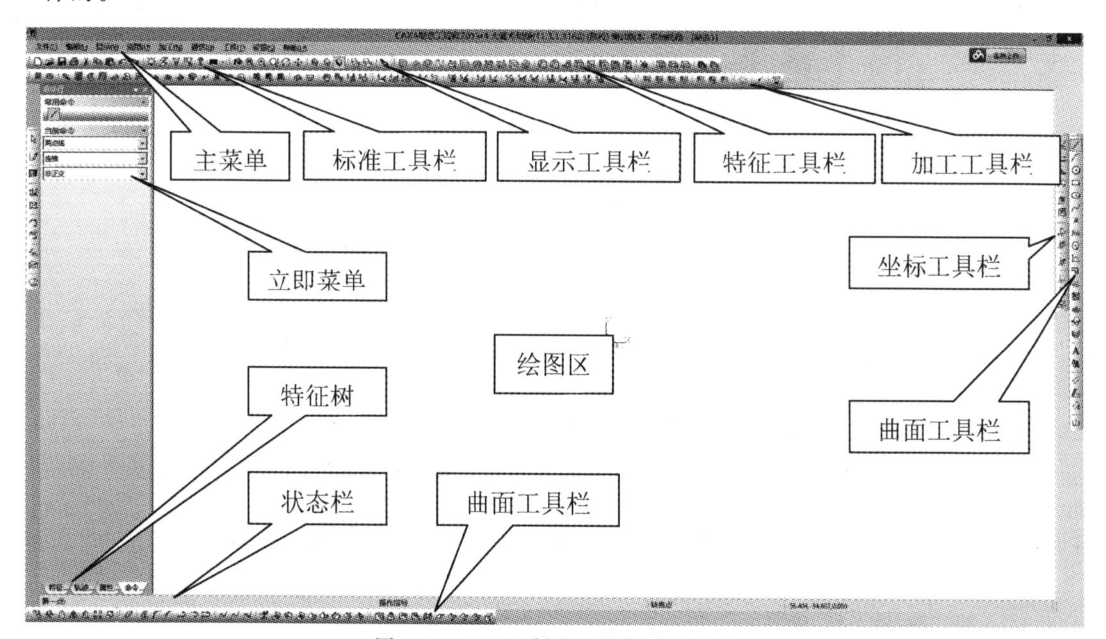

图8-1　CAXA制造工程师用户界面

一、文件的读入

CAXA 制造工程师是一个开放的设计和加工工具，它提供了丰富的数据接口，包括基于曲面的 DXF 和 IGES 标准图形接口，基于实体的 X _ T、X _ B，面向快速成型设备的 STL 以及面向 Internet 和虚拟现实的 VRML 等接口。这些接口保证了与世界流行的 CAD 软件进行双向数据交换，使企业与合作伙伴可以跨平台和跨地区进行协同工作，实现虚拟产品开发和生产。

文件的读入通过“文件”下拉菜单中的“打开”命令来实现，可以打开制造工程师存储的数据文件，并为其他数据文件格式提供相应接口，使在其他软件上生成的文件通过此接口转换成制造工程师的文件格式，并进行处理。

单击“文件”下拉菜单中“打开”命令，或者直接单击按钮，弹出“打开文件”对话框（图 8-2）。选择相应的文件类型并选中要打开的文件名，单击“打开”按钮。

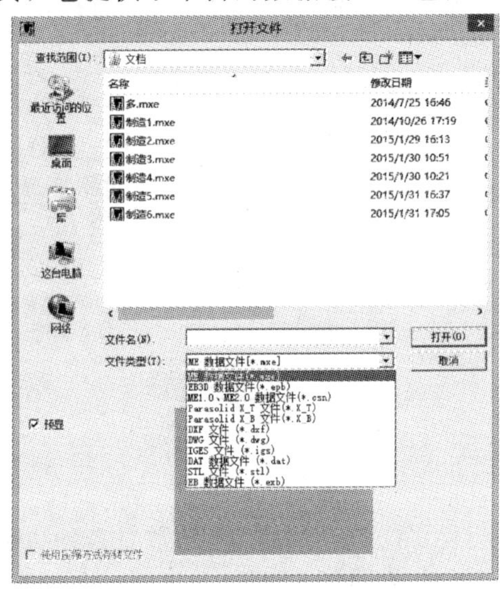

图 8-2 “打开文件”对话框

CAXA 制造工程师可以输出，也就是将零件存储为多种格式的文件，方便在其他软件中打开。

① 单击“文件”下拉菜单中的“保存”，或者直接单击按钮。如果当前没有文件名，则系统弹出一个存储文件对话框。

② 在对话框的文件名输入框内输入一个文件名，单击“保存”，系统即按所给文件名存盘。文件类型可以选用 ME 数据文件 mex、EB3D 数据文件 epb、Parasolid x _ t 文件、Parasolid x _ b 文件、DXF 文件、IGES 文件、VRML 数据文件、STL 数据文件和 EB97 数据文件。

③ 如果当前文件名存在，则系统直接按当前文件名存盘。经常把结果保存起来是一个好习惯，可以避免因发生意外而成果丢失。

二、零件的显示

制造工程师为用户提供了图形的显示命令，它们只改变图形在屏幕上显示的位置、比例、范围等，不改变原图形的实际尺寸。图形的显示控制对复杂零件和刀具轨迹观察和拾取具有重要作用。

用鼠标单击“显示”下拉菜单（图 8-3）中的“显示变换”，在该菜单中的右侧弹出菜单项。

① 显示全部　将当前绘制的所有图形全部显示在屏幕绘图区内。用户还可以通过 F3 键使图形显示全部。

显示窗口：提示用户输入一个窗口的上角点和下角点，系统将两角点所包含的图形充满屏幕绘图区加以显示。

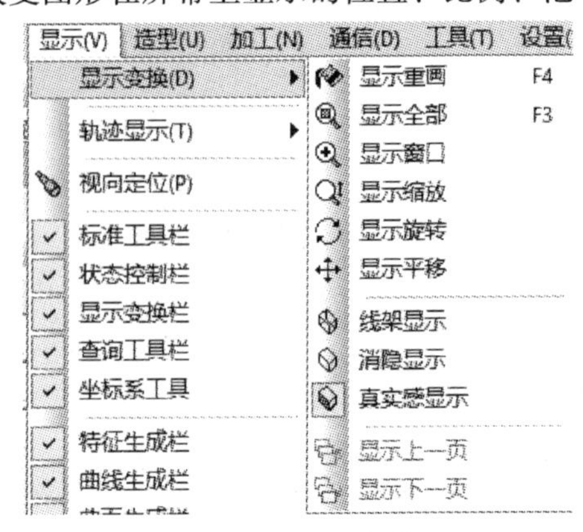

图 8-3 “显示”菜单

a. 单击“显示”，指向“显示变换”，单击“显示窗口”，或者直接单击按钮。

b. 按提示要求在所需位置输入显示窗口的第一个角点，输入后十字光标立即消失。此时再移动鼠标时，出现一个由方框表示的窗口，窗口大小可随鼠标的移动而改变。

c. 窗口所确定的区域就是即将被放大的部分。窗口的中心将成为新的屏幕显示中心。在该方式下，不需要给定缩放系数，制造工程师将把给定窗口范围按尽可能大的原则，将选中区域内的图形按充满屏幕的方式重新显示出来。

② 显示缩放　按照固定的比例将绘制的图形进行放大或缩小。用户也可以通过 PageUp 或 PageDown 来对图形进行放大或缩小。也可使用 Shift 配合鼠标右键，执行该项功能。也可以使用 Ctrl 键配合方向键，执行该项功能。

a. 单击“显示”，指向“显示变换”，单击“显示缩放”，或者直接单击按钮。

b. 按住鼠标右键向左上或者右上方拖动鼠标，图形将跟着鼠标的上下拖动而放大或者缩小。

c. 按住 Ctrl 键，同时按动左、右方向键或上、下方向键，图形将跟着按键的按动而放大或者缩小。

d. 滚动鼠标中间滚轮，向前滚动放大，向后滚动缩小。

③ 显示旋转　将拾取到的零部件进行旋转。用户还可以使用 Shift 键配合上、下、左、右方向键使屏幕中心进行显示的旋转。也可以使用 Shift 配合鼠标左键，执行该项功能。

a. 单击“显示”，指向“显示变换”，单击“显示旋转”，或者直接单击按钮。

b. 在屏幕上选取一个显示中心点，拖动鼠标左键，即可改变图形的显示视向。

c. 直接按着鼠标中间滚轮不放，拖动鼠标左键，即可改变图形的显示视向。

④ 显示平移　根据用户输入的点作为屏幕显示的中心，将显示的图形移动到所需的位置。用户还可以使用上、下、左、右方向键使屏幕中心进行显示的平移。

a. 单击“显示”，指向“显示变换”，单击“显示平移”，或者直接单击按钮。

b. 在屏幕上选取一个显示中心点，按下鼠标左键，系统立即将该点作为新的屏幕显示中心将图形重新显示出来。

三、主要快捷键

CAXA 制造工程师有几个快捷键非常重要，在使用过程中会经常使用到这些快捷键。

① F5　转至 XY 面。当按下 F5 键后，绘图空区的坐标系即转至 XY 面。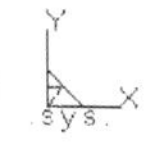

② F6　转至 YZ 面。当按下 F6 键后，绘图空区的坐标系即转至 YZ 面。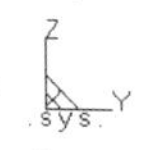

③ F7　转至 XZ 面。当按下 F7 键后，绘图空区的坐标系即转至 XZ 面。

④ F8　转至轴测图。当按下 F8 键后，绘图空区的坐发标系即转至轴测视向。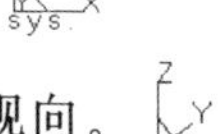

⑤ F9　空间的绘图面由 XY 面→YZ 面→XZ 面循环转换。

坐标系上有一斜线，当它与两轴相交时，绘图平面即由此两轴组成；如斜线与 X、Y 轴相交，那么绘图平面即为 XY 面；当按下 F9 后，绘图平面即转换成 YZ 面，再次按下 F9 后即转换成 XZ 面。

⑥ 回车键　当需要输入点位置（坐标）、圆弧半径时，可以按下回车键，在出现的对话框中输入。如需绘制一个圆，它的圆心点在坐标（0，0，0）上，半径为 50，操作如下：

点击 ⊕ →在立即菜单中选择“圆心＋半径” 当前命令 圆心_半径 →回车→输入圆心坐标值 0,0,0 →回车→输入圆弧半径 50 →回车，即可完成圆的绘制。但要注意输入坐标时不能使用汉字字符输入。

⑦ 空格键　当所要进行点捕捉时，可以单击空格键呼出点捕捉菜单。注意必须关闭输入，否则无法呼出点捕捉菜单。

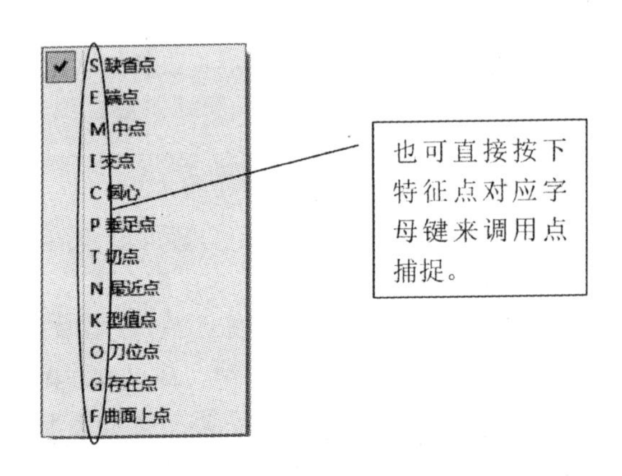

CAXA 制造工程师的主要快捷键有哪些？请填写下表。

序号	快捷键	主要功能
1		
2		
3		
4		
5		
6		
7		

四、学习过程评价表

根据本次活动情况，完成表 8-1 中的“学生自评”项目。

表 8-1　学习过程评价表

评价项目及标准		配分	评分标准	学生自评	教师评分
职业技能	能否利用网络学习	10	利用网络学习程度		
	工作界面	20	熟悉工作界面操作		
	软件的保存、数据转换	20	能操作 CAXA 制造工程师的保存、数据转换		
	主要快捷键	10	能掌握主要快捷键操作		

续表

评价项目及标准		配分	评分标准	学生自评	教师评分
职业素养	出勤情况	10	1. 满勤:10分 2. 旷课1节或迟到(早退)2次以下:5分 3. 旷课1节或迟到(早退)2次以上:0分		
	遵守课堂纪律情况	10	能严格遵守课堂纪律:10分,能基本遵守课堂纪律:5分,不能遵守课堂纪律:0分		
	1. 计划落实情况,有无提问与记录 2. 是否主动参与情况	10	能按计划操作,能主动参与:5～10分		
核心能力	1. 能否认真思考 2. 是否使用基本的文明礼貌用语 3. 能否自我学习及自我管理	10	能认真思考,文明礼貌,自我学习,自我管理:5～10分		
合计		100	总分		

学习活动二　应用草图绘图

① 掌握基准平面构造方法。
② 掌握草图创建方法。
③ 掌握草图修改方法。
④ 掌握草图尺寸驱动功能。

学习课时

2学时

学习要点

① CAXA制造工程师软件各种功能的操作方法。
② 基准面创建方法。
③ 草图创建及修改方法。
④ 草图曲线尺寸驱动使用方法。

学习过程

一、构造基准平面

① 基准平面是草图和实体赖以生存的平面，它的作用是确定草图在哪个基准面上绘制，这就好像想用稿纸写文章，首先选择一页稿纸一样。基准面可以是特征树中已有的坐标平面，也可以是实体中生成的某个平面，还可以是通过某些特征构造出的面。本节介绍通过特征构造基准平面。

［例］ 有一基准平面，它与 XY 面的距离为 50。方法如下：点击构造基准面命令（图 8-4）→选择构造方法和输入距离→拾取 XY 面→“确定”，完成操作。

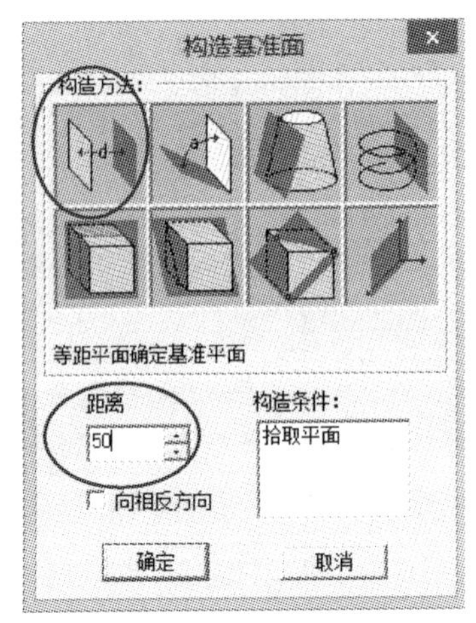

图 8-4　构造基准面

结果如图 8-5 所示。

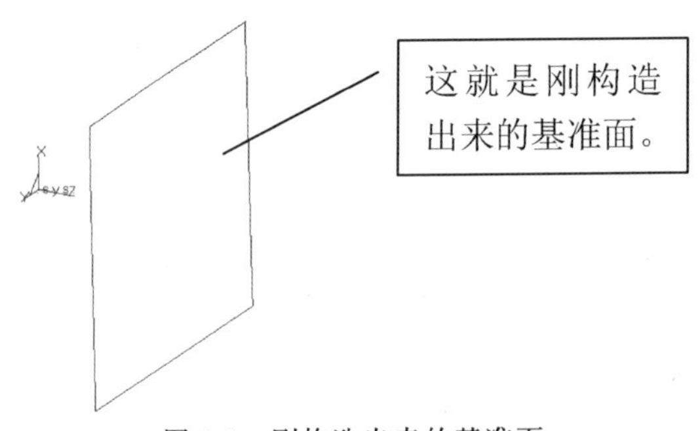

图 8-5　刚构造出来的基准面

构造基准面还提供了多种构造方法：过直线与平面成夹角确定基准平面、生成曲面上某点的切平面、过点且垂直于曲线确定基准平面、过点且平行于平面确定基准平面、过点和直线确定基准平面、三点确定基准平面、根据当前坐标系构造基准面。

② 请用 YZ 面生成等距 50mm 的基准平面。

二、创建草图

① 草图是实体造型的基础，实体特征依赖于草图，草图依附于基准平面，所以创建草图，需先选取基准平面，然后再点击草图命令，这时即进行草图编辑状态，所绘制的曲线都在所选取的平面上。

② 请以 XY 面为基准创建一个草图，在草图中绘制一个 $\phi100$ 的圆。

三、修改草图

① 当需要修改草图时，只需在特征树上点击所需修改的草图，然后再点击草图命令即可。如果草图已用特征造型工具生成实体后，需要把特征展开后才能看到草图，如图 8-6 所示。

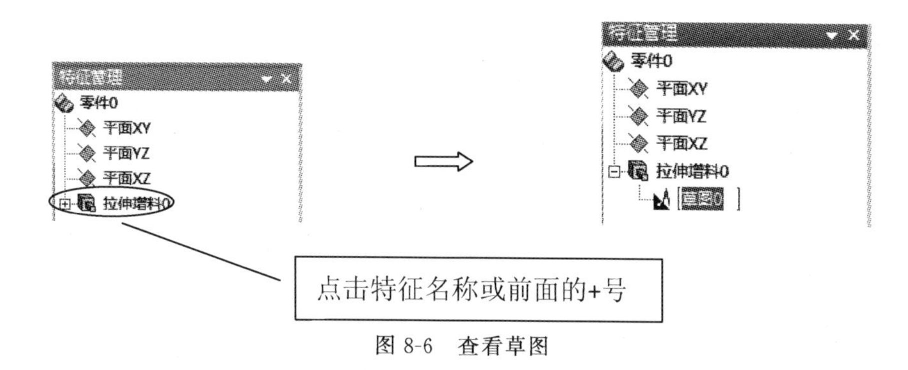

图 8-6 查看草图

② 请将刚才创建的草图修改，并将圆改为 $\phi 80$。

四、尺寸驱动

①“尺寸驱动”是系统提供的一套局部参数化功能。用户在草图编辑状态下对一部分曲线标注尺寸后，系统将根据尺寸建立曲线间的拓扑关系，当用户选择想要改动的尺寸并改变其数值时，相关曲线及尺寸也将受到影响，发生变化。此功能在很大程度上使用户可以在画完图以后再对尺寸进行规整、修改，提高作图速度，对已有的图纸进行修改也变得更加简单、容易。

［例］ 草图中有一圆（图 8-7），其半径为 50，现想修改为 40。操作如下：点击尺寸标功能 →对圆进行标注→点击尺寸驱动功能 →拾取需修改的尺寸→输入新的数值 80 →回车即可完成尺寸的驱动（图 8-8）。

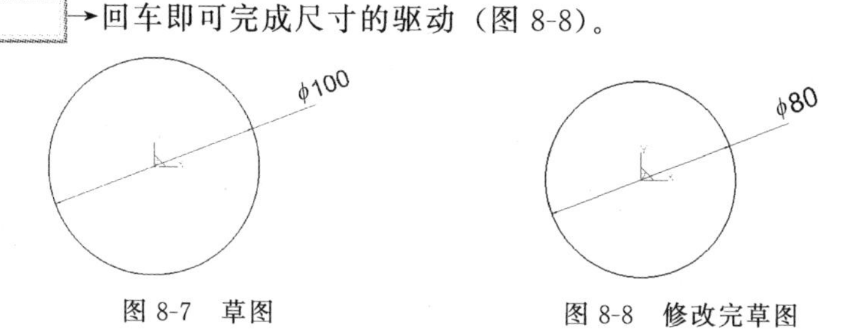

图 8-7 草图 图 8-8 修改完草图

② 请将刚才草图的圆用尺寸驱动功能修改直径为 $\phi 120$。

五、学习过程评价表

根据本次活动情况，完成表 8-2 中“学生自评”项目。

表 8-2 学习过程评价表

评价项目及标准		配分	评分标准	学生自评	教师评分
职业技能	构造基准面	10	利用网络学习程度		
	创建草图	20	熟悉工作界面操作		
	修改草图	10	能操作 CAXA 制造工程师的保存、数据转换		
	尺寸驱动	20	能掌握主要快捷键操作		

续表

评价项目及标准		配分	评分标准	学生自评	教师评分
职业素养	出勤情况	10	1. 满勤：10分 2. 旷课1节或迟到（早退）2次以下：5分 3. 旷课1节或迟到（早退）2次以上：0分		
	遵守课堂纪律情况	10	能严格遵守课堂纪律：10分，能基本遵守课堂纪律：5分，不能遵守课堂纪律：0分		
	1. 计划落实情况，有无提问与记录 2. 是否主动参与情况	10	能按计划操作，能主动参与：5～10分		
核心能力	1. 能否认真思考 2. 是否使用基本的文明礼貌用语 3. 能否自我学习及自我管理	10	能认真思考，文明礼貌，自我学习，自我管理：5～10分		
合计		100	总分		

学习活动三　应用直线、圆、圆弧、矩形和正多边形绘图

① 学习直线、圆、圆弧、矩形、多边形指令，并能应用这些指令完成相应图形的绘制。

② 能主动应用网络学习 CAXA 制造工程师，积极与他人进行有效的沟通。

学习课时

4 学时

学习要点

① 网络学习。

② 二维绘图指令。

学习过程

① 在网络上或教学资源库中查找 CAXA 制造工程师相关内容并学习。

② 学习直线指令，并用直线指令完成图 8-9 的绘制。

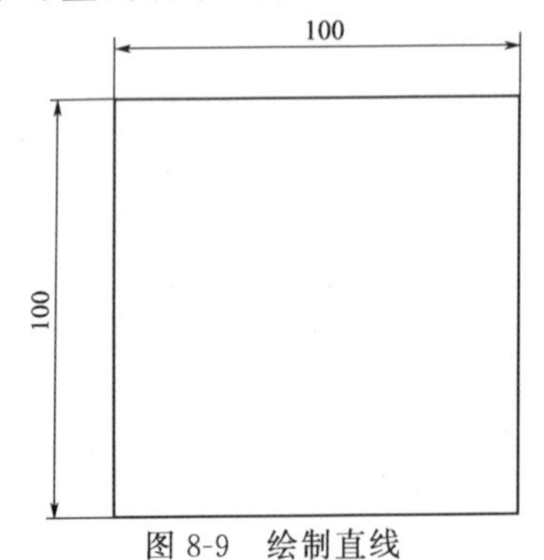

图 8-9　绘制直线

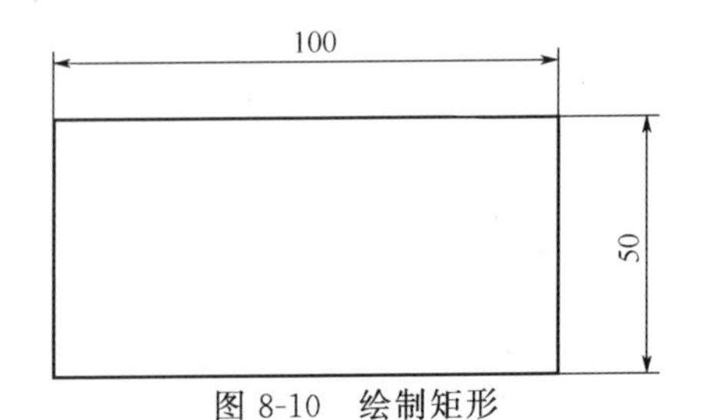

图 8-10　绘制矩形

③ 学习矩形指令，并用矩形指令完成图 8-10 的绘制。

④ 学习圆指令，并用圆指令完成图 8-11 的绘制。

⑤ 学习圆弧指令，并用圆弧指令完成图 8-12 的绘制。

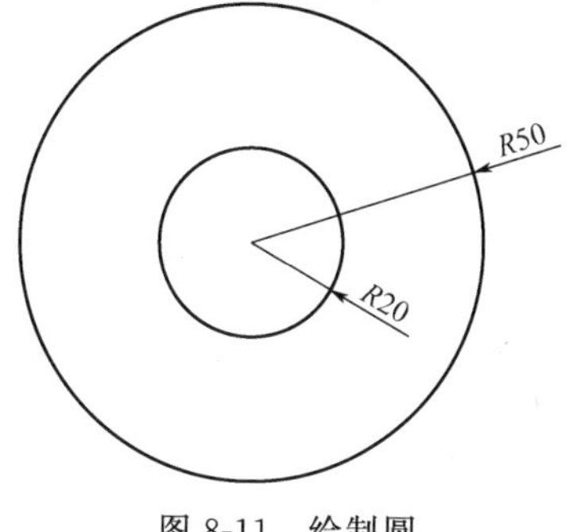

图 8-11　绘制圆

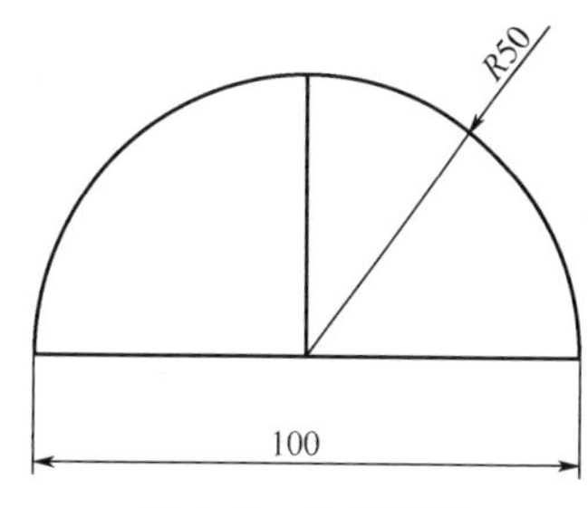

图 8-12　绘制圆弧

⑥ 学习多边形指令，并用圆、多边形指令完成图 8-13 的绘制。

⑦ 学习椭圆指令，并用椭圆指令完成图 8-14 的绘制。

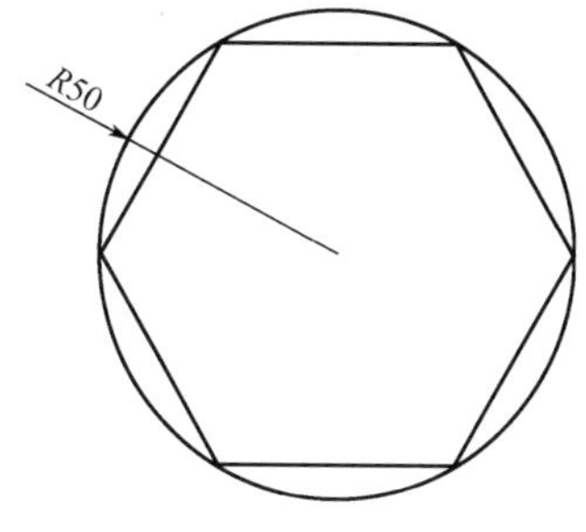

图 8-13　绘制多边形

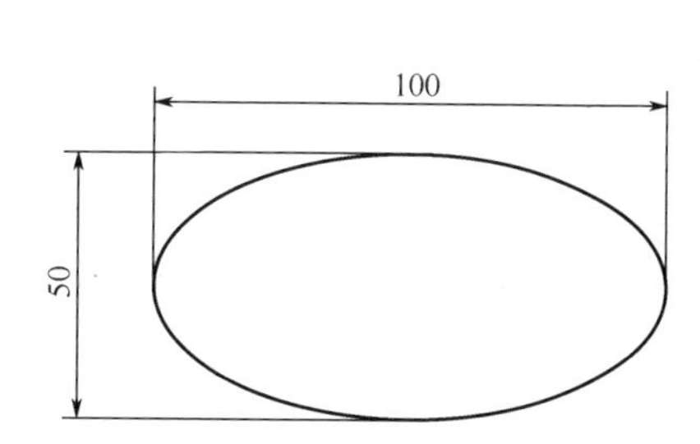

图 8-14　绘制椭圆

⑧ 学习过程评价表　根据本次活动情况，完成表 8-3 中“学生自评”项目。

表 8-3　学习过程评价表

评价项目及标准		配分	评分标准	学生自评	教师评分
职业技能	命令的使用	10	绘图命令使用是否正确		
	命令参数的理解	10	能否正确理解绘图命令		
	样例完成情况	40	各图形样例完成程度		
职业素养	出勤情况	10	1. 满勤:10 分 2. 旷课 1 节或迟到(早退)2 次以下:5 分 3. 旷课 1 节或迟到(早退)2 次以上:0 分		
	遵守课堂纪律情况	10	能严格遵守课堂纪律:10 分,能基本遵守课堂纪律:5 分,不能遵守课堂纪律:0 分		
	1. 计划落实情况,有无提问与记录 2. 是否主动参与情况	10	能按计划操作,能主动参与:5～10 分		
核心能力	1. 能否认真思考 2. 是否使用基本的文明礼貌用语 3. 能否自我学习及自我管理	10	能认真思考,文明礼貌,自我学习,自我管理:5～10 分		
合计		100	总分		

学习活动四　应用镜像、旋转、阵列、过渡、裁剪等指令修改图形

学习目标

① 学习删除、裁剪、镜像、旋转、复制、等指令，并能应用这些指令完成相应图形的修改。

② 能主动应用网络学习 CAXA 制造工程师相关知识，积极与他人进行有效的沟通。

学习课时

4 学时

学习要点

① 网络学习。

② 二维编辑指令。

学习过程

① 学习删除指令。先绘制图 8-15(a)，再用删除指令改为图 8-15(b)。

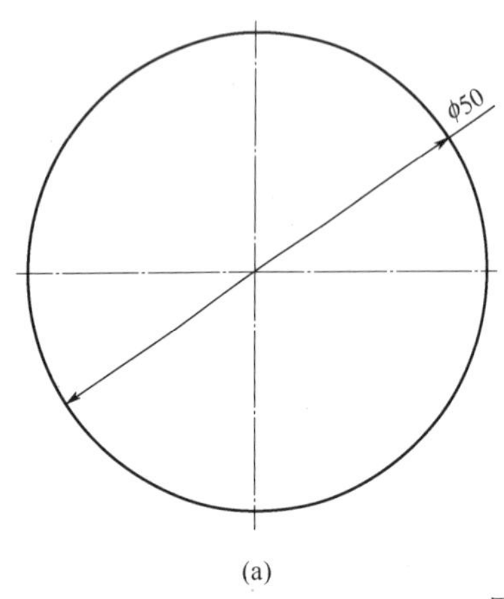

(a)

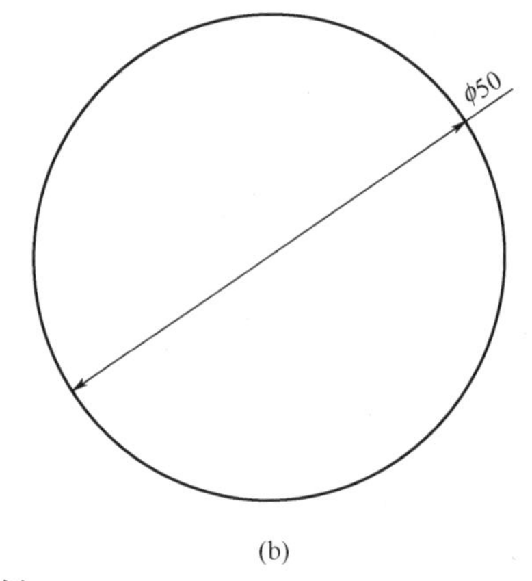

(b)

图 8-15　删除指令样例

② 学习裁剪指令。先绘制图 8-16(a)，再用裁剪指令改为图 8-16(b)。

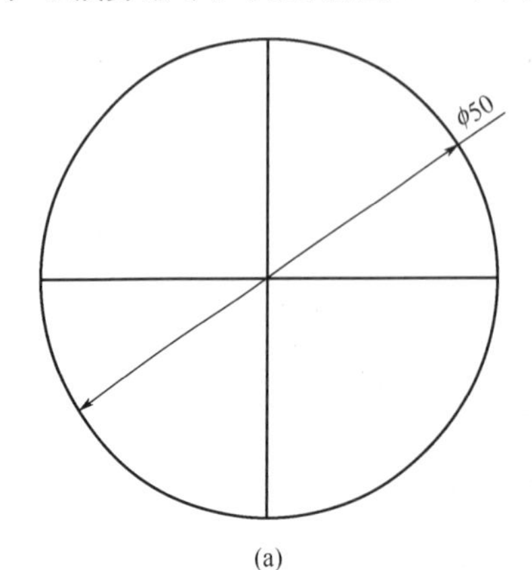

(a)

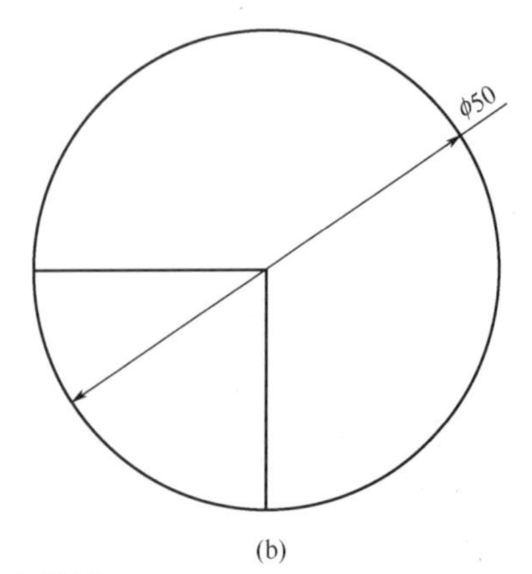

(b)

图 8-16　裁剪指令样例

③ 学习镜像指令。先绘制图 8-17(a)，再用镜像指令改为图 8-17(b)。

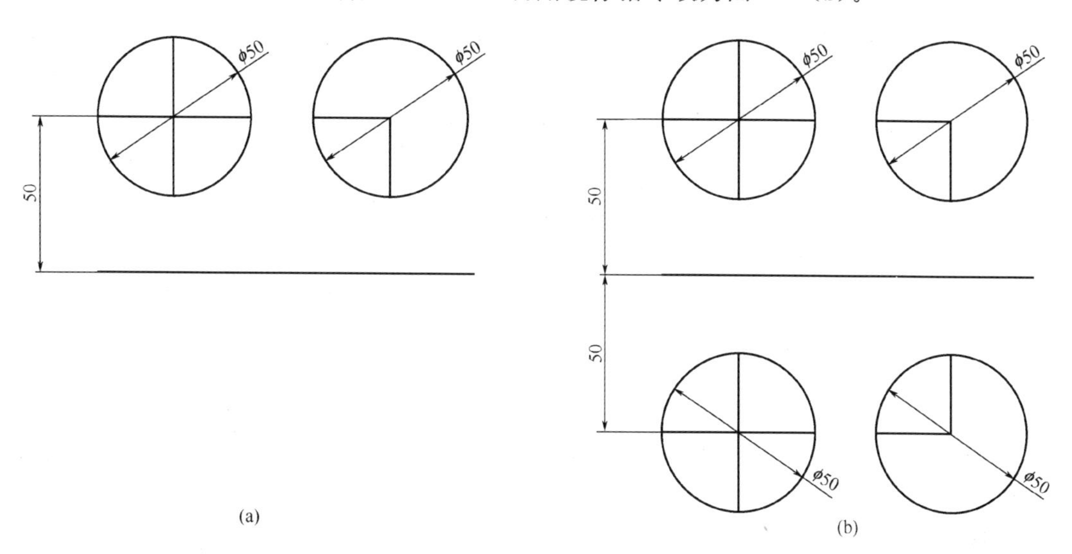

图 8-17　镜像指令样例

④ 学习旋转指令。先绘制图 8-18(a)，再用旋转指令改为图 8-18(b)。

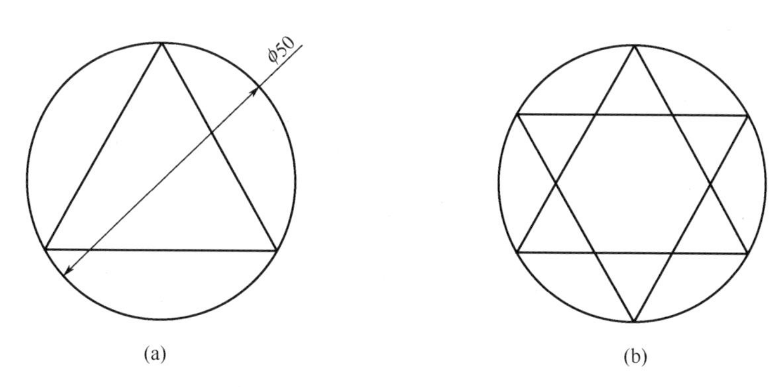

图 8-18　旋转指令样例

⑤ 学习过渡指令，并用过渡指令完成图 8-19 中的圆角过渡。

⑥ 学习阵列指令，并用阵列指令完成图 8-20 中的圆形阵列。

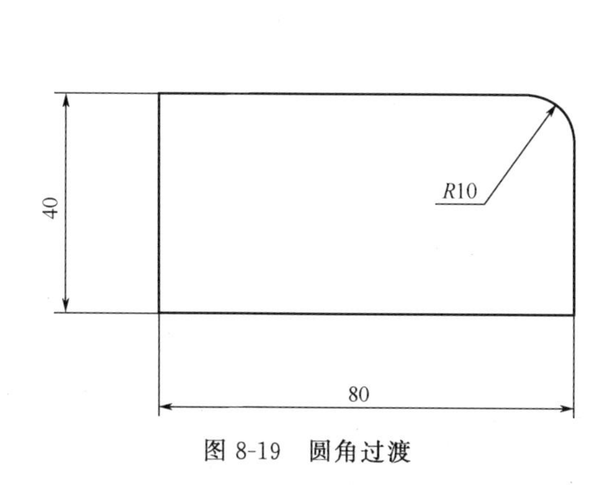

图 8-19　圆角过渡

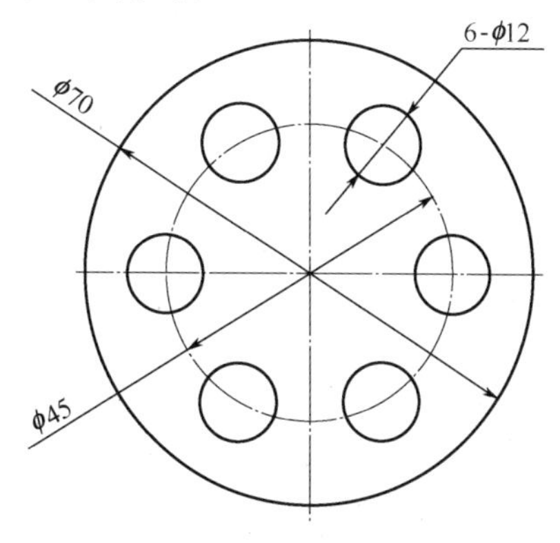

图 8-20　阵列指令

⑦ 学习过程评价表　根据本次活动情况，完成表 8-4 中“学生自评”项目。

表 8-4　学习过程评价表

<table>
<tr><th colspan="2">评价项目及标准</th><th>配分</th><th>评分标准</th><th>学生自评</th><th>教师评分</th></tr>
<tr><td rowspan="3">职业技能</td><td>编辑命令的使用</td><td>10</td><td>编辑命令使用是否正确</td><td></td><td></td></tr>
<tr><td>命令参数的理解</td><td>10</td><td>能否正确理各指令参数</td><td></td><td></td></tr>
<tr><td>样例完成情况</td><td>40</td><td>各图形样例完成程度</td><td></td><td></td></tr>
<tr><td rowspan="3">职业素养</td><td>出勤情况</td><td>10</td><td>1. 满勤:10 分
2. 旷课 1 节或迟到(早退)2 次以下:5 分
3. 旷课 1 节或迟到(早退)2 次以上:0 分</td><td></td><td></td></tr>
<tr><td>遵守课堂纪律情况</td><td>10</td><td>能严格遵守课堂纪律:10 分,能基本遵守课堂纪律:5 分,不能遵守课堂纪律:0 分</td><td></td><td></td></tr>
<tr><td>1. 计划落实情况,有无提问与记录
2. 是否主动参与情况</td><td>10</td><td>能按计划操作,能主动参与:5～10 分</td><td></td><td></td></tr>
<tr><td>核心能力</td><td>1. 能否认真思考
2. 是否使用基本的文明礼貌用语
3. 能否自我学习及自我管理</td><td>10</td><td>能认真思考,文明礼貌,自我学习,自我管理:5～10 分</td><td></td><td></td></tr>
<tr><td colspan="2">合计</td><td>100</td><td>总分</td><td></td><td></td></tr>
</table>

任务九
CAXA 构建实体造型与曲面造型

一、任务描述

本任务学习 CAXA 制造工程师的实体造型及曲面造型，很多零件需要绘制出实体图或曲面后才能用于计算机辅助编程。

二、学习目标

① 能用 CAXA 制造工程师完成三维实体建模。
② 能用 CAXA 制造工程师完成曲线建模。

三、学时

建议学时：12 学时

四、学习活动

学习活动一　实体造型指令应用
学习活动二　曲面造型指令应用
学习活动三　曲面编辑指令应用

学习活动一　实体造型指令应用

学习目标

① 能综合应用构造基准面、草图、二维绘制、编辑等指令绘图。
② 能应用 CAXA 制造工程师的实体造型工具生成实体零件。
③ 能主动应用网络学习 CAXA 制造工程师相关知识，积极与他人进行有效的沟通。

学习课时

4 学时

学习要点

① 网络学习。
② 实体制造指令。

学习过程

① 学习拉伸增料指令和拉伸除料指令并完成图 9-1 的绘制。

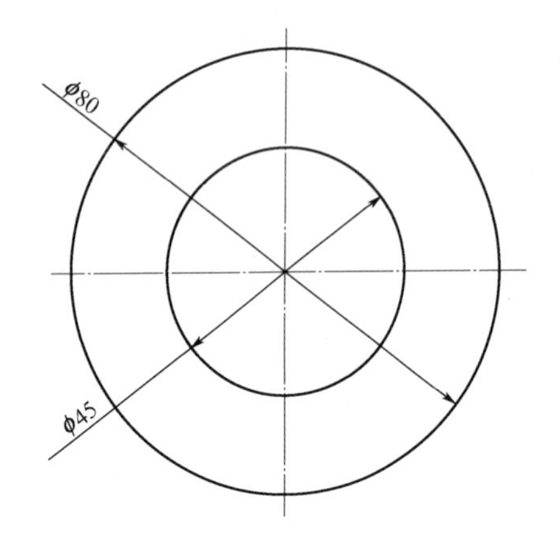

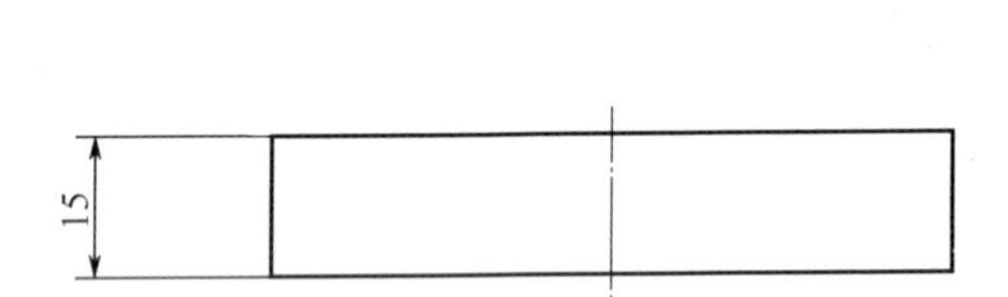

图 9-1　拉伸指令样例

② 学习旋转增料指令和旋转除料指令并完成图 9-2 的绘制。

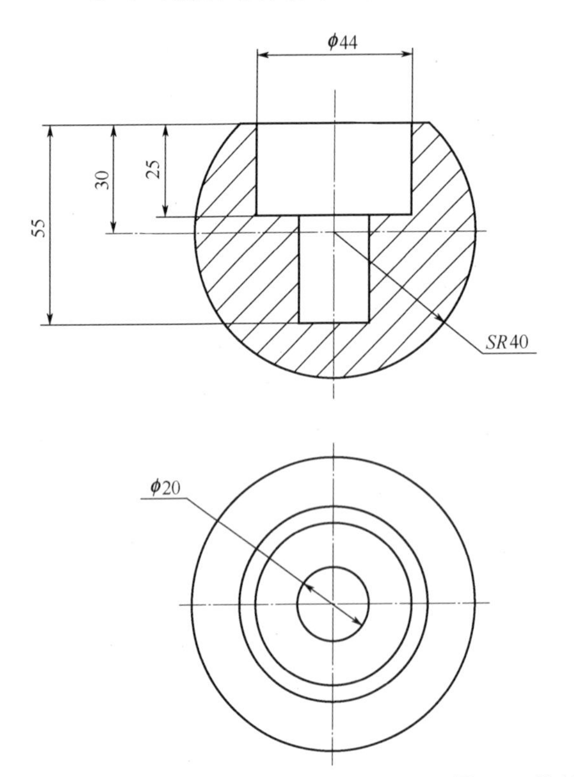

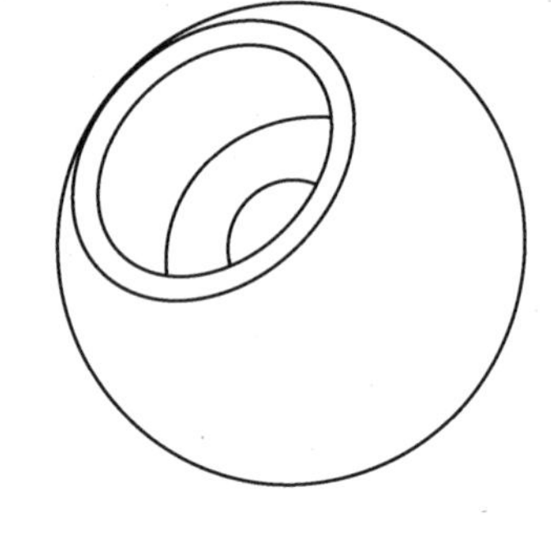

图 9-2　旋转指令样例

③ 学习放样增料指令和放样除料指令并完成图 9-3 的绘制。

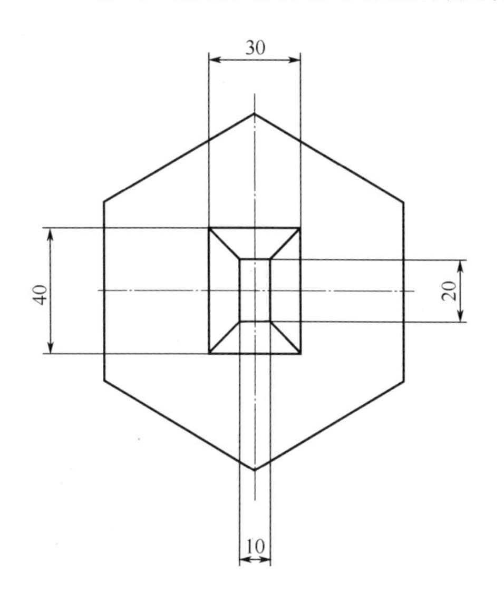

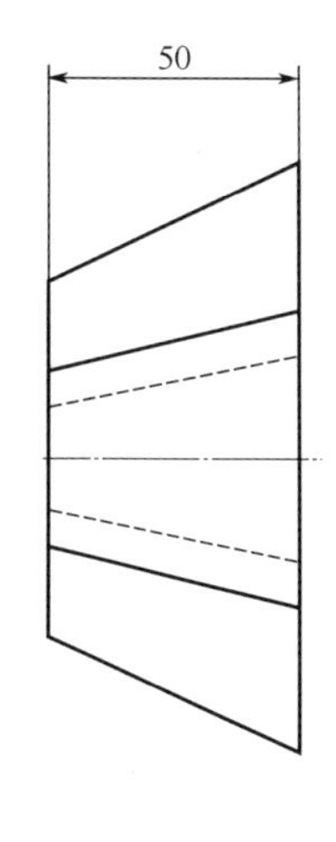

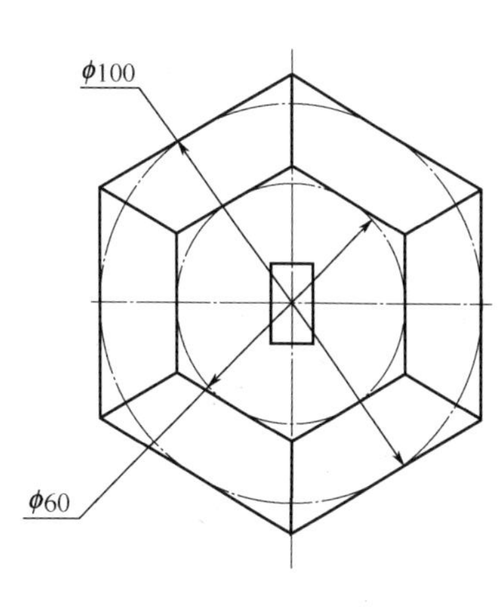

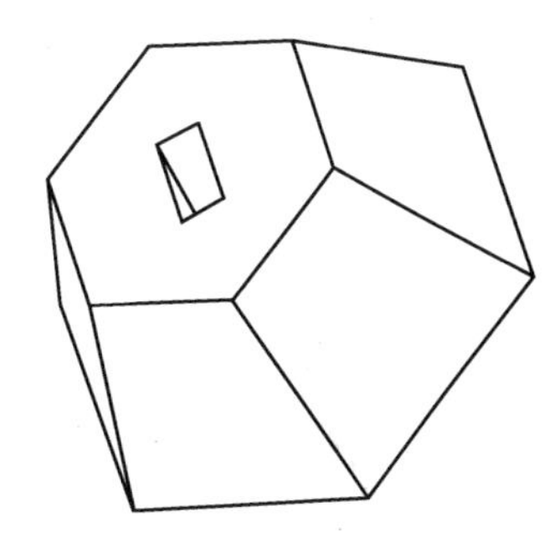

图 9-3　放样指令样例

④ 学习导动增料和导动除料指令并完成图 9-4 的绘制。

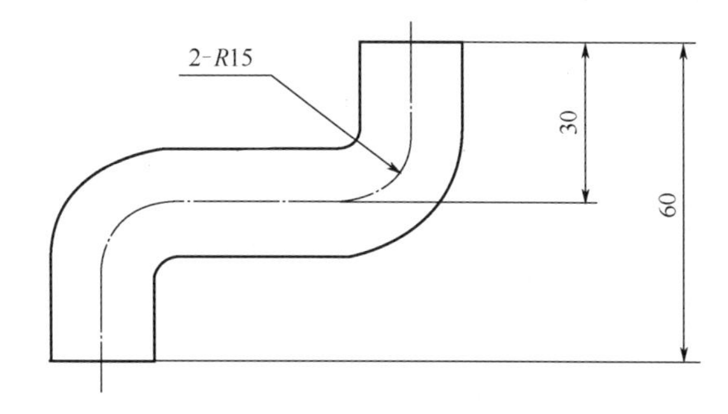

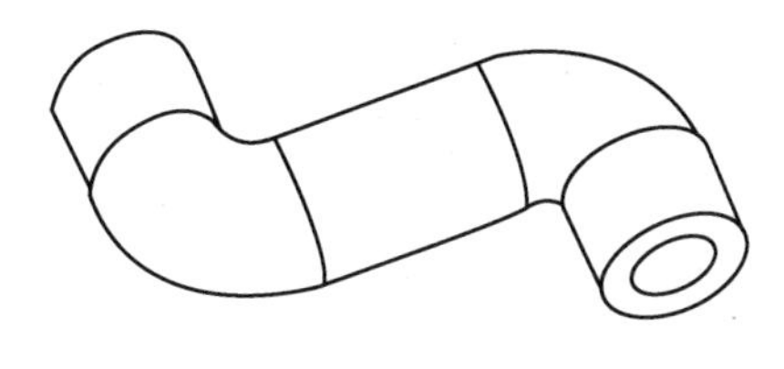

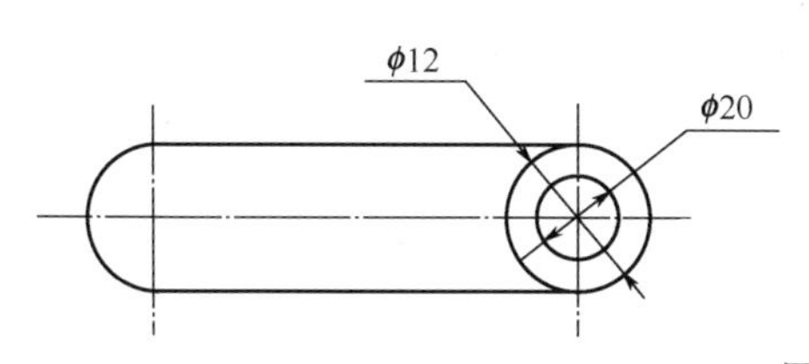

图 9-4　导动指令样例

⑤ 学习过程评价表　根据本次活动情况，完成表 9-1 中“学生自评”项目。

表 9-1　学习过程评价表

评价项目及标准		配分	评分标准	学生自评	教师评分
职业技能	实体造型指令的使用	10	造型指令使用是否正确		
	命令参数的理解	10	能否正确理解各指令参数		
	样例完成情况	40	各图形样例完成程度		
职业素养	出勤情况	10	1. 满勤:10 分 2. 旷课 1 节或迟到(早退)2 次以下:5 分 3. 旷课 1 节或迟到(早退)2 次以上:0 分		
	遵守课堂纪律情况	10	能严格遵守课堂纪律:10 分,能基本遵守课堂纪律:5 分,不能遵守课堂纪律:0 分		
	1. 计划落实情况,有无提问与记录 2. 是否主动参与情况	10	能按计划操作,能主动参与 5～10 分		
核心能力	1. 能否认真思考 2. 是否使用基本的文明礼貌用语 3. 能否自我学习及自我管理	10	能认真思考,文明礼貌,自我学习,自我管理:5～10 分		
合计		100	总分		

学习活动二　曲面造型指令应用

学习目标

① 能综合应用二维绘制、编辑等指令绘图。

② 能应用 CAXA 制造工程师的曲面造型工具生成曲面零件。

③ 能主动应用网络学习 CAXA 制造工程师相关知识，积极与他人进行有效的沟通。

学习课时

4 学时

学习要点

① 网络学习。

② 曲面造型指令。

学习过程

① 学习直纹曲指令并完成图 9-5 的绘制。（尺寸自定）

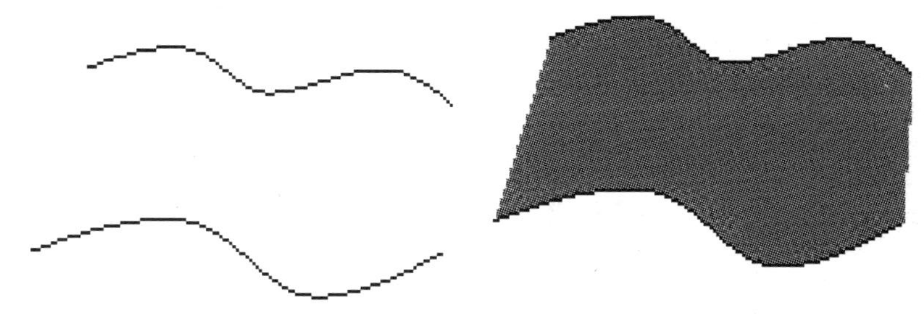

图 9-5　直纹曲指令样例

② 学习旋转面指令并完成图 9-6 的绘制。（尺寸自定）

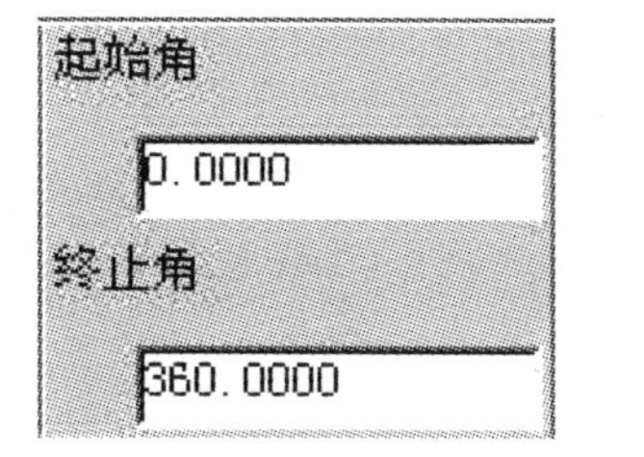

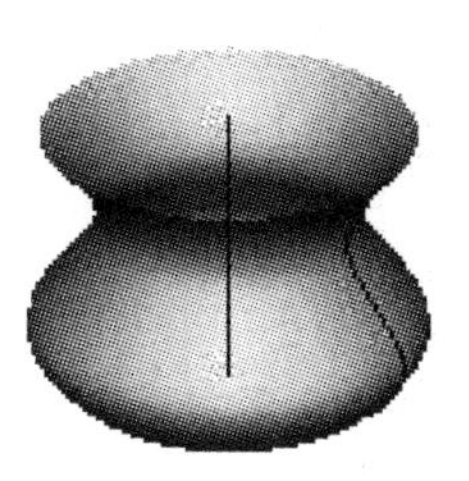

图 9-6　旋转面指令样例

③ 学习扫描面指令并完成图 9-7 的绘制。（尺寸自定）

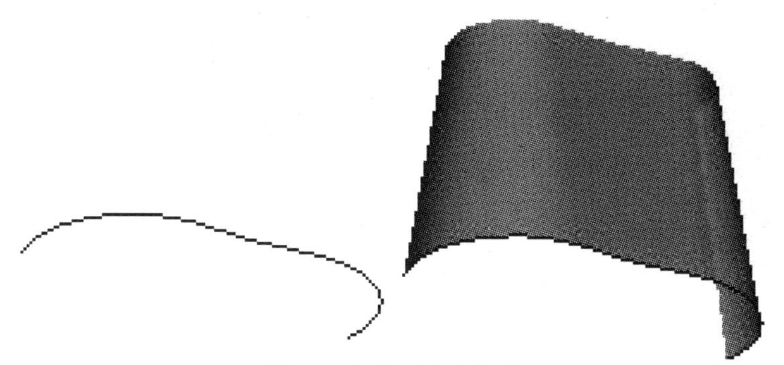

图 9-7　扫描面指令样例

④ 学习导动面指令并完成图 9-8 的绘制。（尺寸自定）

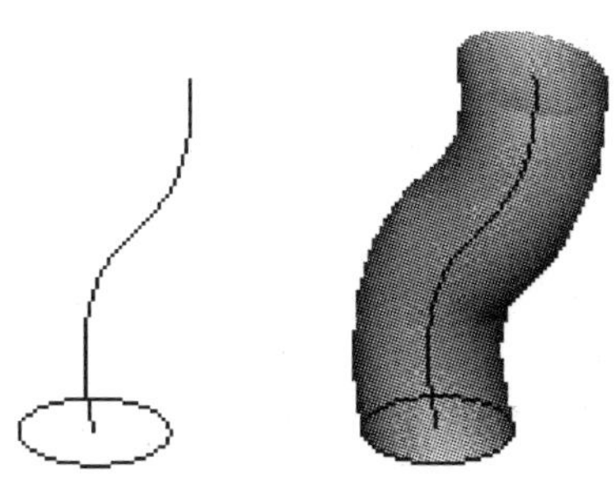

图 9-8　导动面指令样例

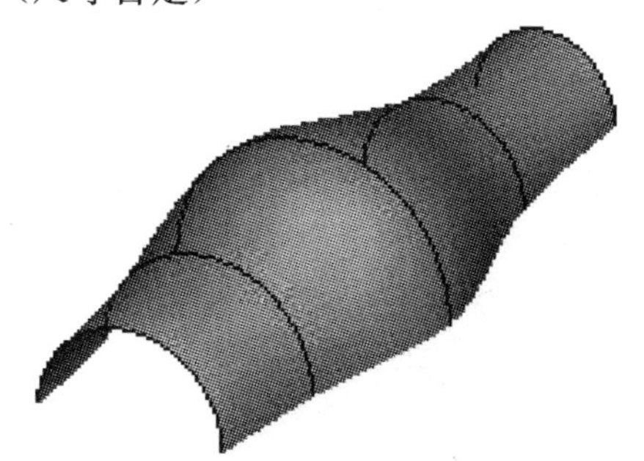

图 9-9　放样面指令样例

⑤ 学习放样面指令并完成图 9-9 的绘制。(尺寸自定)

⑥ 学习边界面指令并完成图 9-10 的绘制。(尺寸自定)

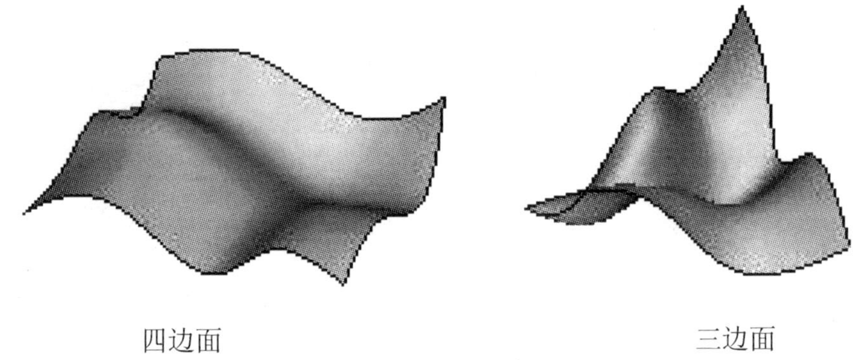

图 9-10　边界面指令样例

⑦ 学习网格面指令并完成图 9-11 的绘制。(尺寸自定)

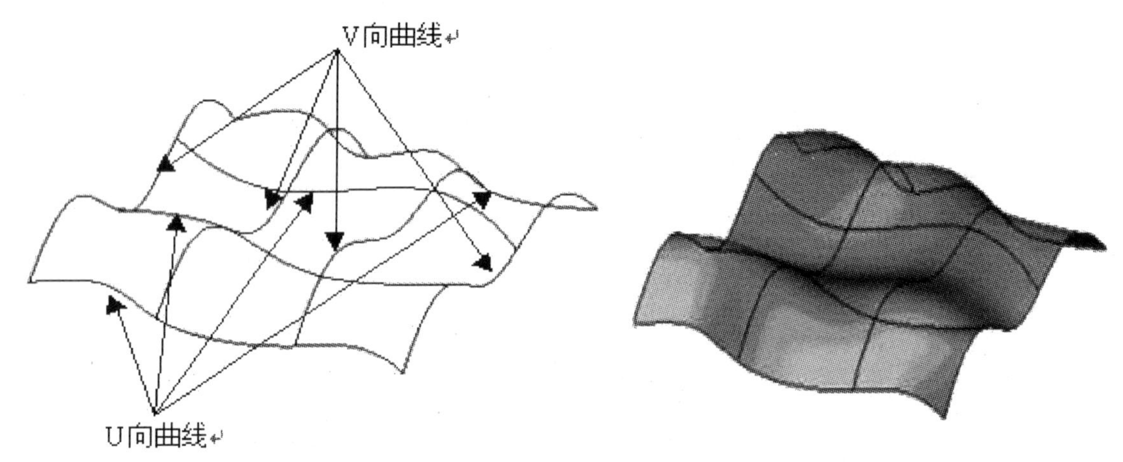

图 9-11　网格面指令样例

⑧ 学习过程评价表　根据本次活动情况，完成表 9-2 中"学生自评"项目。

表 9-2　学习过程评价表

评价项目及标准		配分	评分标准	学生自评	教师评分
职业技能	曲面造型指令的使用	10	造型指令使用是否正确		
	命令参数的理解	10	能否正确理解各指令参数		
	样例完成情况	40	各图形样例完成程度		
职业素养	出勤情况	10	1. 满勤:10 分 2. 旷课 1 节或迟到(早退)2 次以下:5 分 3. 旷课 1 节或迟到(早退)2 次以上:0 分		
	遵守课堂纪律情况	10	能严格遵守课堂纪律:10 分,能基本遵守课堂纪律:5 分,不能遵守课堂纪律:0 分		

续表

评价项目及标准		配分	评分标准	学生自评	教师评分
职业素养	1. 计划落实情况，有无提问与记录 2. 是否主动参与情况	10	能按计划操作，能主动参与：5～10分		
核心能力	1. 能否认真思考 2. 是否使用基本的文明礼貌用语 3. 能否自我学习及自我管理	10	能认真思考，文明礼貌，自我学习，自我管理：5～10分		
合计		100	总分		

学习活动三　曲面编辑指令应用

学习目标

① 能综合应用二维绘制、编辑、曲线生成等指令绘图。

② 能应用CAXA制造工程师的曲面编辑工具修改曲面零件。

③ 能主动应用网络学习CAXA制造工程师相关知识，积极与他人进行有效的沟通。

学习课时

4学时

学习要点

① 网络学习。

② 曲面编辑指令。

学习过程

① 学习曲面裁剪指令并完成图9-12的编辑。（尺寸自定）

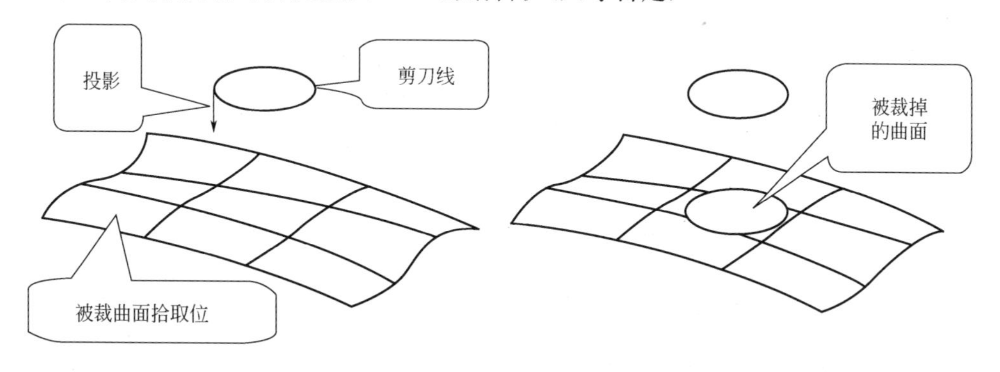

图9-12　曲面裁剪指令样例

② 学习曲面过渡指令并完成图 9-13 的编辑。(尺寸自定)

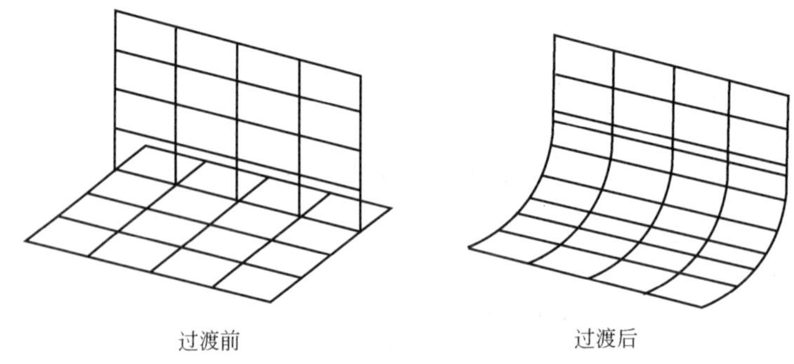

图 9-13 曲面过渡指令样例

③ 学习曲面缝合指令并完成图 9-14 的编辑。(尺寸自定)

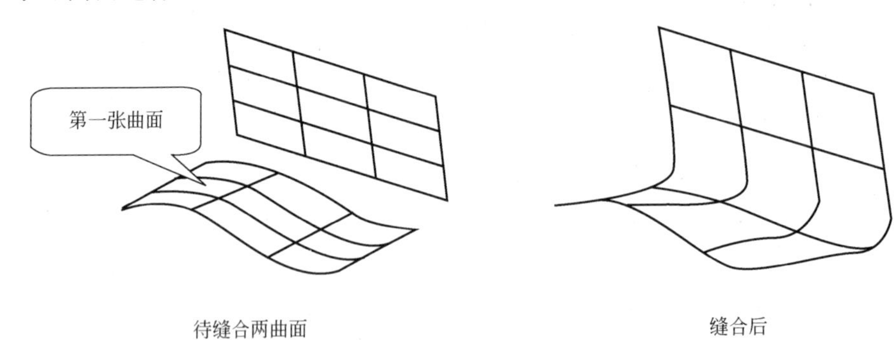

图 9-14 曲面缝合指令样例

④ 学习曲面拼接指令并完成图 9-15 的编辑。(尺寸自定)

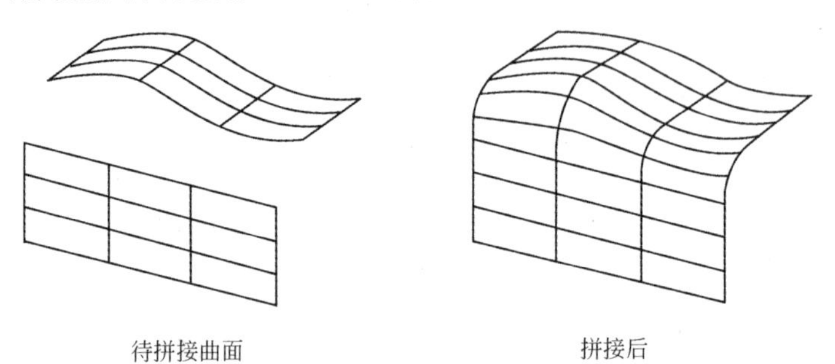

图 9-15 曲面拼接指令样例

⑤ 学习曲面延伸指令并完成图 9-16 的编辑。(尺寸自定)

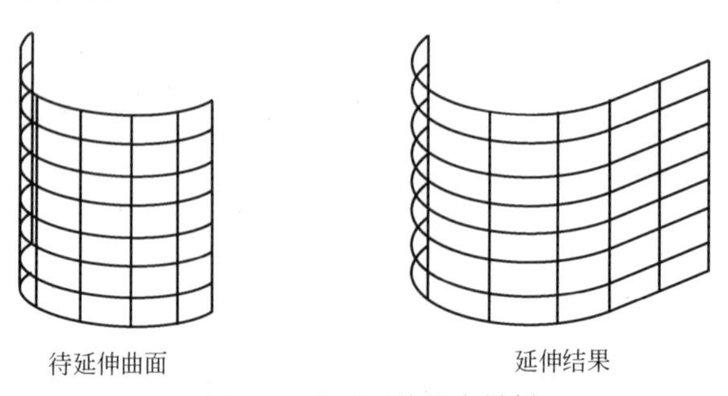

图 9-16 曲面延伸指令样例

⑥ 学习过程评价表　根据本次活动情况，完成表 9-3 中“学生自评”项目。

表 9-3　学习过程评价表

评价项目及标准		配分	评分标准	学生自评	教师评分
职业技能	曲面编辑指令的使用	10	编辑指令使用是否正确		
	命令参数的理解	10	能否正确理解各指令参数		
	样例完成情况	40	各图形样例完成程度		
职业素养	出勤情况	10	1. 满勤:10 分 2. 旷课 1 节或迟到(早退)2 次以下:5 分 3. 旷课 1 节或迟到(早退)2 次以上:0 分		
	遵守课堂纪律情况	10	能严格遵守课堂纪律:10 分,能基本遵守课堂纪律:5 分,不能遵守课堂纪律:0 分		
	1. 计划落实情况,有无提问与记录 2. 是否主动参与情况	10	能按计划操作,能主动参与:5～10 分		
核心能力	1. 能否认真思考 2. 是否使用基本的文明礼貌用语 3. 能否自我学习及自我管理	10	能认真思考,文明礼貌,自我学习,自我管理:5～10 分		
合计		100	总分		

任务十 数控加工

一、任务描述

零件数控加工就是将加工数据和工艺参数输入到机床，机床的控制系统对输入信息进行运算与控制，并不断地向直接指挥机床的机电功能转换部件——机床的伺服机构发送脉冲信号，然后由传动机构驱动机床，从而加工零件。所以零件数控加工的关键就是加工数据和工艺参数的获取，即数控编程。本任务主要学习如下内容：CAXA制造工程师生成加工轨迹(包括粗加工、半精加工、精加工等)、轨迹的仿真检验、生成G代码、传送代码到机床。

二、学习目标

① 能掌握CAXA制造工程师轨迹生成指令。

② 能掌握CAXA制造工程师生成G代码。

③ 能掌握轨迹的仿真检验方法。

三、学时

建议学时：14学时

四、学习活动

学习活动一　零件数控加工基础

学习活动二　各种加工功能中通用加工参数设置

学习活动三　加工功能学习

学习活动一　零件数控加工基础

学习目标

① 了解数控加工的基本概念。

② 了解CAXA制造工程师的通用加工要素。

③ 能主动应用网络学习CAXA制造工程师相关知识，积极与他人进行有效的沟通。

学习课时

2学时

学习要点

网络学习。

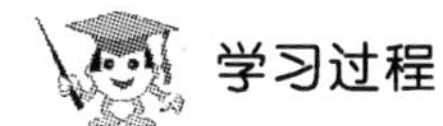

学习过程

一、加工轴

机床坐标系的 X 轴和 Y 轴联动，面 Z 轴固定，称为________轴加工；机床坐标系的 X、Y、Z 三轴联动，称为________轴加工。

二、轮廓

下列轮廓哪些是开轮廓、闭轮廓、有自交点的轮廓？

(________________)　(______________)　(________________)

三、区域和岛

区域指由一个闭合轮廓围成的内部空间，其内部可以有“岛”。岛也是由闭合轮廓界定的。区域指外轮廓和岛之间的部分。由外轮廓和岛共同指定待加工的区域，外轮廓用来界定加工区域的外部边界，岛用来屏蔽其内部不需加工或需保护的部分。如图 10-1 所示。

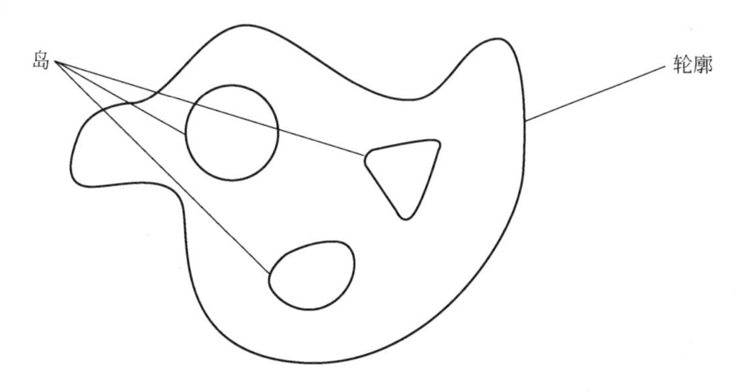

图 10-1　轮廓与岛的关系

四、刀具

CAXA 制造工程师主要针对数控铣加工，目前提供三种铣刀：球刀（____）、端刀（____）和 R 刀（______），其中，R 为刀具的半径、r 为刀角半径。刀具参数中还有刀杆长

度 L 和刀刃长度 l，如图 10-2 所示。

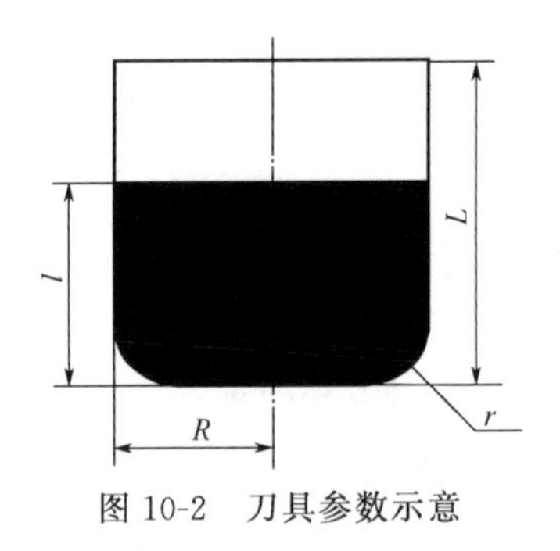

图 10-2　刀具参数示意

在三轴加工中，端刀和球刀的加工效果有明显区别。当曲面形状复杂有起伏时，建议使用球刀，适当调整加工参数，可以达到好的加工效果。在二轴中，为提高效率，建议使用端刀，因为相同的参数，球刀会留下较大的残留高度。选择刀刃长度和刀杆长度时，应考虑机床的情况及零件的尺寸是否会干涉。对于刀具，还应区分刀尖和刀心，两者均是刀具的对称轴上的点，其间差一个刀角半径，如图 10-3 所示。

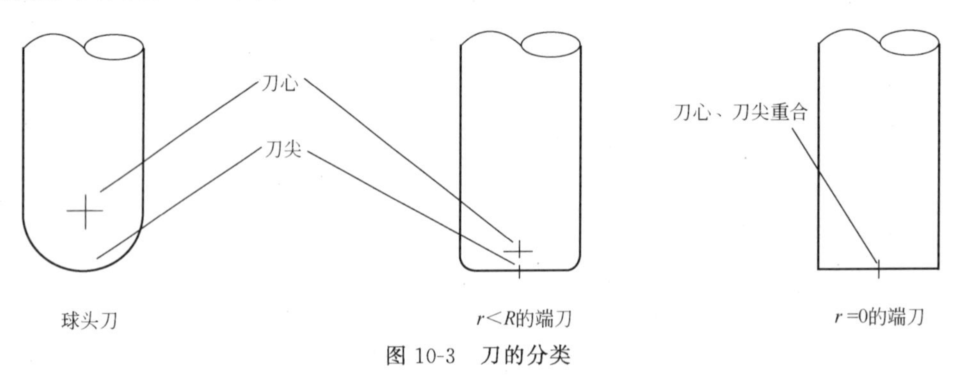

图 10-3　刀的分类

五、刀具轨迹和刀位点

刀具轨迹是系统按给定工艺要求生成的对给定加工图形进行切削时刀具行进的路线，如图 10-4 所示。系统以图形方式显示。刀具轨迹由一系列有序的刀位点和连接这些刀位点的直线（直线插补）或圆弧（圆弧插补）组成。

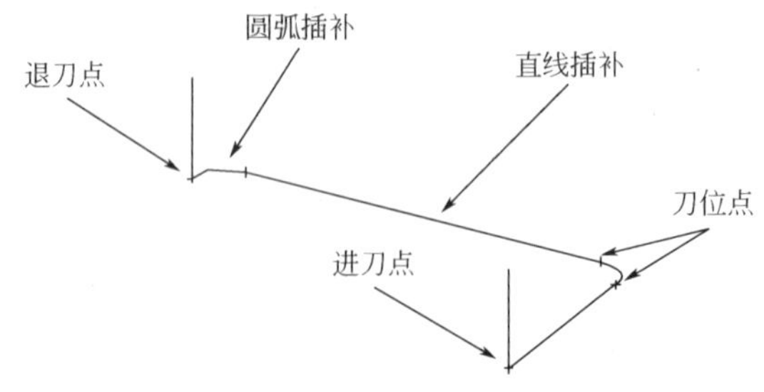

图 10-4　刀具轨迹和刀位点

六、干涉

在切削被加工表面时，如果刀具____________部分，则称为出现干涉现象，或者叫做过切。在 CAXA 制造工程师中，干涉分为以下两种情况：自身干涉指被加工表面中存在刀具切削不到的部分时存在的过切现象，如图 10-5 所示：面间干涉指在加工一个或一系列表面时，可能会对其他表面产生过切的现象，如图 10-6 所示。

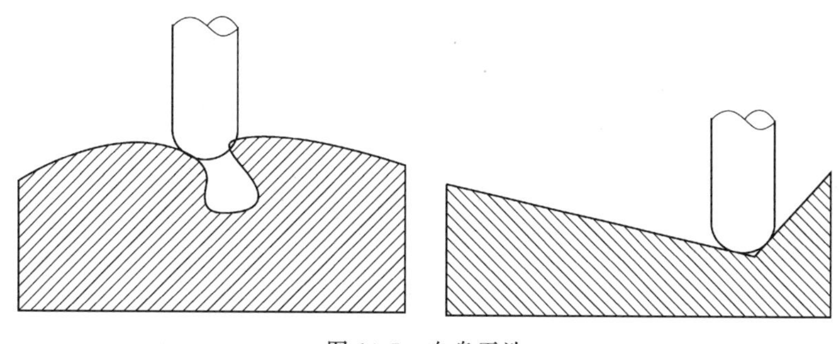

图 10-5　自身干涉

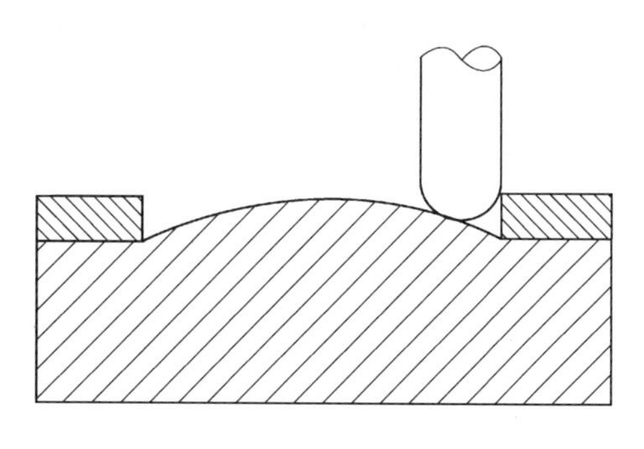

图 10-6　面间干涉

七、模型

一般地，模型指系统存在的所有曲面和实体的总和（包括隐藏的曲面或实体）。几何精度在造型时，模型的曲面是光滑连续（法矢连续）的，如球面是一个理想的光滑连续的面。这样理想的模型，称为几何模型。但在加工时，是不可能完成这样一个理想的几何模型的。所以一般地会把一张曲面离散成一系列的三角片。由这一系列三角片所构成的模型，称为加工模型。加工模型与几何模型之间的误差，称为几何精度。加工精度是按轨迹加工出来的零件与加工模型之间的误差，当加工精度趋近于 0 时，轨迹对应的加工件的形状就是加工模型（忽略残留量）。

八、评价

根据本次活动情况，完成表 10-1 中“学生自评”项目。

表 10-1　学习过程评价表

评价项目及标准		配分	评分标准	学生自评	教师评分
职业技能	能否利用网络学习	10	利用网络学习程度		
	掌握加工的基本概念	40	理解加工的基本概念		

续表

<table>
<tr><th colspan="2">评价项目及标准</th><th>配分</th><th>评分标准</th><th>学生自评</th><th>教师评分</th></tr>
<tr><td rowspan="3">职业素养</td><td>出勤情况</td><td>10</td><td>1. 满勤:10 分
2. 旷课 1 节或迟到(早退)2 次以下:5 分
3. 旷课 1 节或迟到(早退)2 次以上:0 分</td><td></td><td></td></tr>
<tr><td>遵守课堂纪律情况</td><td>15</td><td>能严格遵守课堂纪律:10 分,能基本遵守课堂纪律:5 分,不能遵守课堂纪律:0 分</td><td></td><td></td></tr>
<tr><td>1. 计划落实情况,有无提问与记录
2. 是否主动参与情况</td><td>15</td><td>能按计划操作,能主动参与:5~10 分</td><td></td><td></td></tr>
<tr><td>核心能力</td><td>1. 能否认真思考
2. 是否使用基本的文明礼貌用语
3. 能否自我学习及自我管理</td><td>10</td><td>能认真思考,文明礼貌,自我学习,自我管理:5~10 分</td><td></td><td></td></tr>
<tr><td colspan="2">合计</td><td>100</td><td>总分</td><td></td><td></td></tr>
</table>

学习活动二　各种加工功能中通用加工参数设置

① 了解数控加工中通用加工参数的定义。

② 掌握加工毛坯的定义。

③ 了解刀具库的应用。

④ 能主动应用网络学习 CAXA 制造工程师相关知识，积极与他人进行有效的沟通。

学习课时

2 学时

学习过程

一、毛坯

定义毛坯。界面见图 10-7。

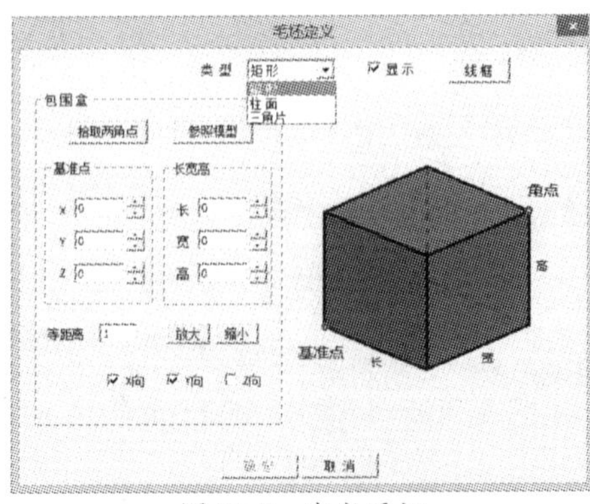

图 10-7　定义毛坯

（1）类型　使用户能够根据所要加工工件的形状选择毛坯的形状，分为矩形、柱面和三角片三种毛坯方式。其中三角片方式为自定义毛坯方式。

（2）毛坯定义　系统提供了三种毛坯定义的方式。

① 两点方式：通过拾取毛坯的两个角点（与顺序、位置无关）来定义毛坯。

② 参照模型：系统自动计算模型的包围盒，以此作为毛坯。

③ 基准点：毛坯在世界坐标系（. sys.）中的左下角点。长度、宽度、高度是毛坯在 X 方向、Y 方向、Z 方向的尺寸。

（3）毛坯显示　设定是否在工作区中显示毛坯。

二、起始点

定义全局加工起始点。用鼠标双击加工轨迹树的“起始点”图标，如图 10-8 所示。用户可以通过输入或者单击拾取点按钮来设定刀具起始点。

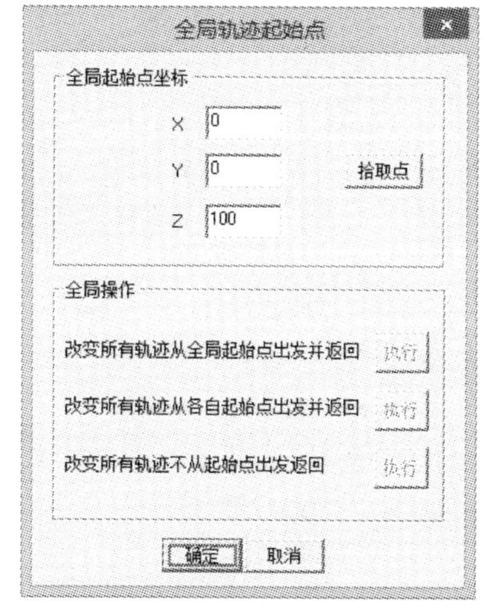

图 10-8　定义起始点

三、刀具库

可以在刀具库中定义、确定刀具的有关数据，以便用户从刀具库中调用信息和对刀具库进行维护。要操作刀具库应双击________中的________图标，弹出如图 10-9 所示的对话框。

刀具库

共 11 把　　增加　清空　导入　导出

类型	名称	刀号	直径	刃长	全长	刀杆类型	刀杆直径	半径补偿号	长度补偿号
立铣刀	EdML_0	0	10.000	50.000	80.000	圆柱	10.000	0	0
立铣刀	EdML_0	1	10.000	50.000	100.000	圆柱+圆锥	10.000	1	1
圆角铣刀	BulML_0	2	10.000	50.000	80.000	圆柱	10.000	2	2
圆角铣刀	BulML_0	3	10.000	50.000	100.000	圆柱+圆锥	10.000	3	3
球头铣刀	SphML_0	4	10.000	50.000	80.000	圆柱	10.000	4	4
球头铣刀	SphML_0	5	12.000	50.000	100.000	圆柱+圆锥	10.000	5	5
燕尾铣刀	DvML_0	6	20.000	6.000	80.000	圆柱	20.000	6	6
燕尾铣刀	DvML_0	7	20.000	6.000	100.000	圆柱+圆锥	10.000	7	7
球形铣刀	LoML_0	8	12.000	12.000	80.000	圆柱	12.000	8	8
球形铣刀	LoML_1	9	10.000	10.000	100.000	圆柱+圆锥	10.000	9	9

确定　取消

图 10-9　刀具库

在刀具库中可以进行哪些操作：____

____。

四、刀具参数

在每一个加工功能参数表中，都有刀具参数设置，见图 10-10。

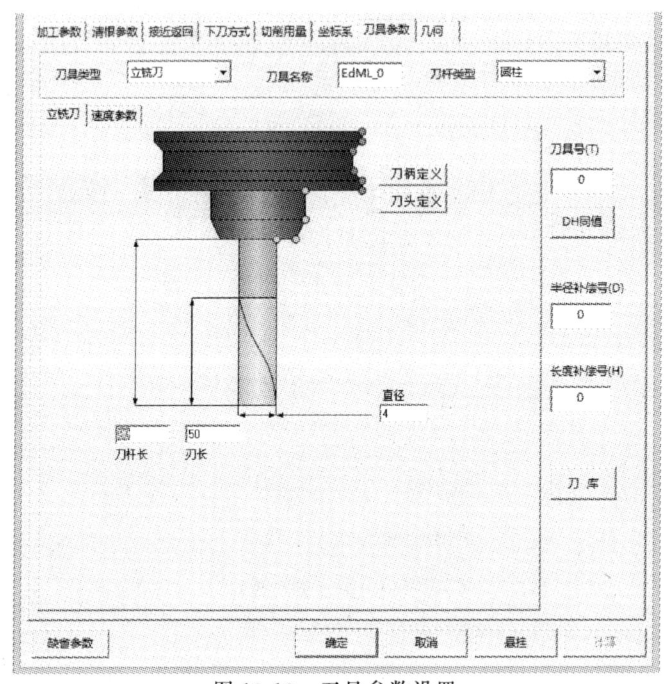

图 10-10 刀具参数设置

刀具库中能存放用户定义的不同的刀具，包括钻头、铣刀等。使用中用户可以很方便地从刀具库中取出所需的刀具。刀具参数：刀具类型，刀具名称，刀号，刀具半径 R，圆角半径 r/a，切削刃长 l。刀具库中会显示刀具的主要参数的值。刀具主要由刀刃、刀杆、刀柄三部分组成。图 10-11 中________是刀刃，________是刀杆，________是刀柄。

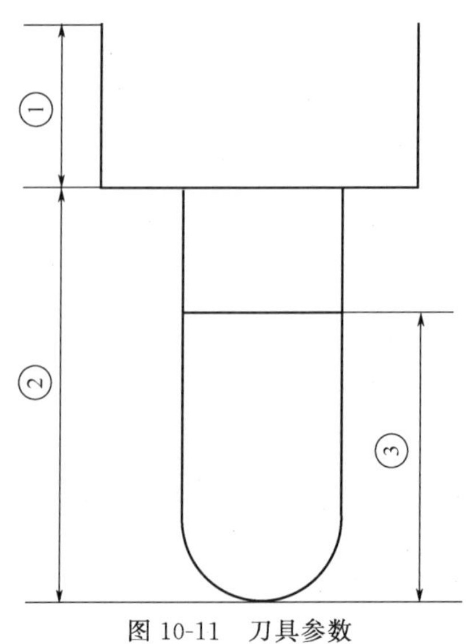

图 10-11 刀具参数

五、几何

在每一个加工功能参数表中，都有几何设置。操作界面见图 10-12，用于拾取和删除在加工中所有需要选择的曲线和曲面以及加工方向和进退刀点等参数。

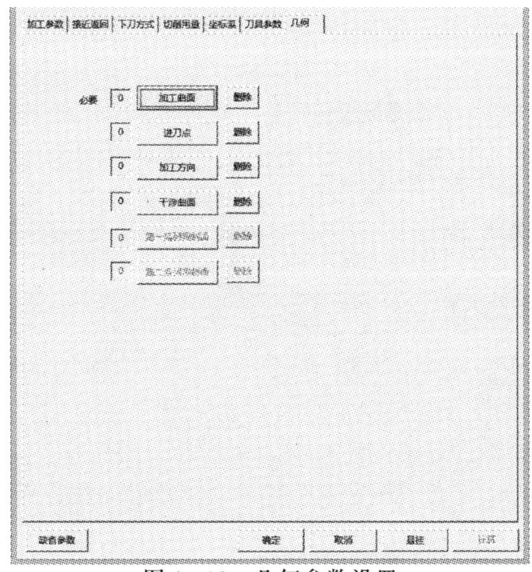

图 10-12　几何参数设置

六、切削用量

在每一个加工功能参数表中，都有切削用量设置。操作界面见图 10-13。设定轨迹各位置的相关进给速度及主轴转速。主轴转速：设定主轴转速的大小，单位 r/min（转/分）。慢速下刀速度（F0）：设定慢速下刀轨迹段的进给速度的大小，单位 mm/min。切入切出连接速度（F1）：设定切入轨迹段、切出轨迹段、连接轨迹段、接近轨迹段、返回轨迹段的进给速度的大小，单位 mm/min。切削速度（F2）：设定切削轨迹段的进给速度的大小，单位 mm/min。退刀速度（F3）：设定退刀轨迹段的进给速度的大小，单位 mm/min。

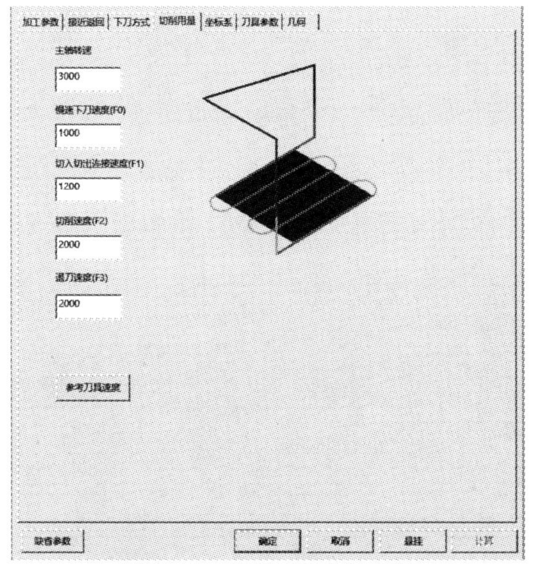

图 10-13　切削用量参数设置

请填写下表。

示图	颜色	代表速度
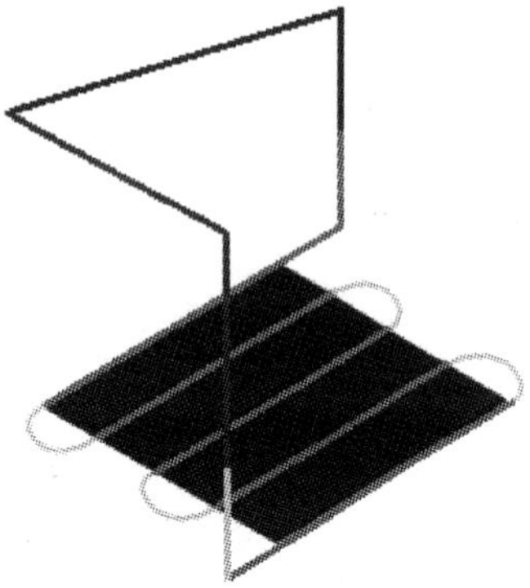		快速接近（G00）
		快速返回（G00）

七、评价

根据本次活动情况，完成表 10-2 中“学生自评”项目。

表 10-2　学习过程评价表

评价项目及标准		配分	评分标准	学生自评	教师评分
职业技能	能否利用网络学习	10	利用网络学习程度		
	掌握通用加工参数设置	40	理解通用加工的定义		
	掌握加工毛坯的定义	10	会定义毛坯		
职业素养	出勤情况	10	1. 满勤:10 分 2. 旷课 1 节或迟到(早退)2 次以下:5 分 3. 旷课 1 节或迟到(早退)2 次以上:0 分		
	遵守课堂纪律情况	10	能严格遵守课堂纪律:10 分,能基本遵守课堂纪律:5 分,不能遵守课堂纪律:0 分		
	1. 计划落实情况,有无提问与记录 2. 是否主动参与情况	10	能按计划操作,能主动参与:5～10 分		
核心能力	1. 能否认真思考 2. 是否使用基本的文明礼貌用语 3. 能否自我学习及自我管理	10	能认真思考,文明礼貌,自我学习,自我管理:5～10 分		
合计		100	总分		

学习活动三　加工功能学习

学习目标

① 掌握 CAXA 制造工程常用的加工工具。

② 掌握轨迹的仿真检验。

③ 掌握 G 代码生成。

④ 能主动应用网络学习 CAXA 制造工程师相关知识，积极与他人进行有效的沟通。

学习课时

10 学时

学习要点

① 网络学习。

② 常用加工工具。

③ 轨迹的仿真检验。

④ G 代码生成。

学习过程

一、平面区域粗加工

学习平面区域粗加工功能并生成图 10-14 的加工轨迹。

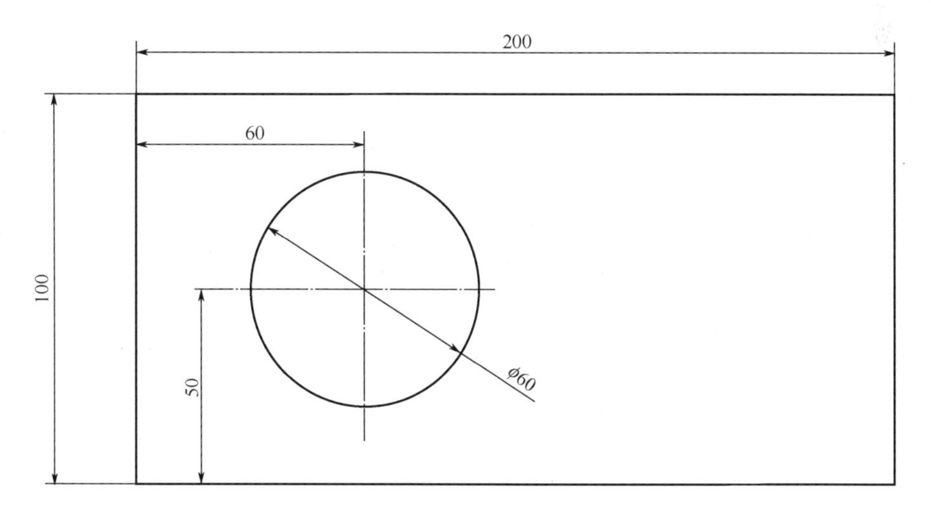

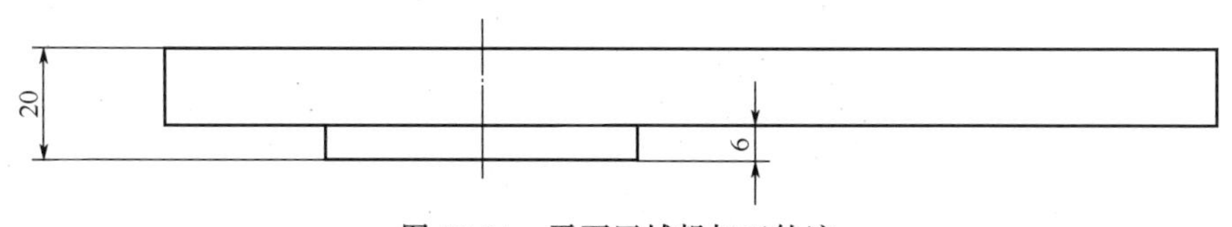

图 10-14　平面区域粗加工轨迹

操作步骤：绘制二维轮廓→点主菜单“加工”、“常用加工”、“平面区域粗加工”→设置加工参数（这里加工的深度为 6）→拾取轮廓和岛。结果如图 10-15 所示。

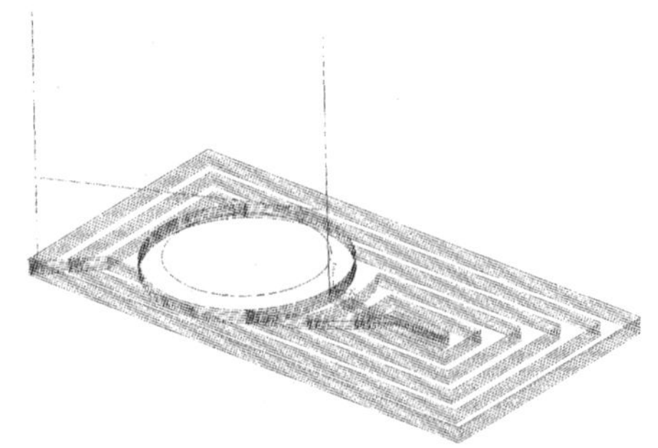

图 10-15 平面区域粗加工绘制结果

二、等高线粗加工

学习等高线粗加工功能并生成图 10-16 的加工轨迹。

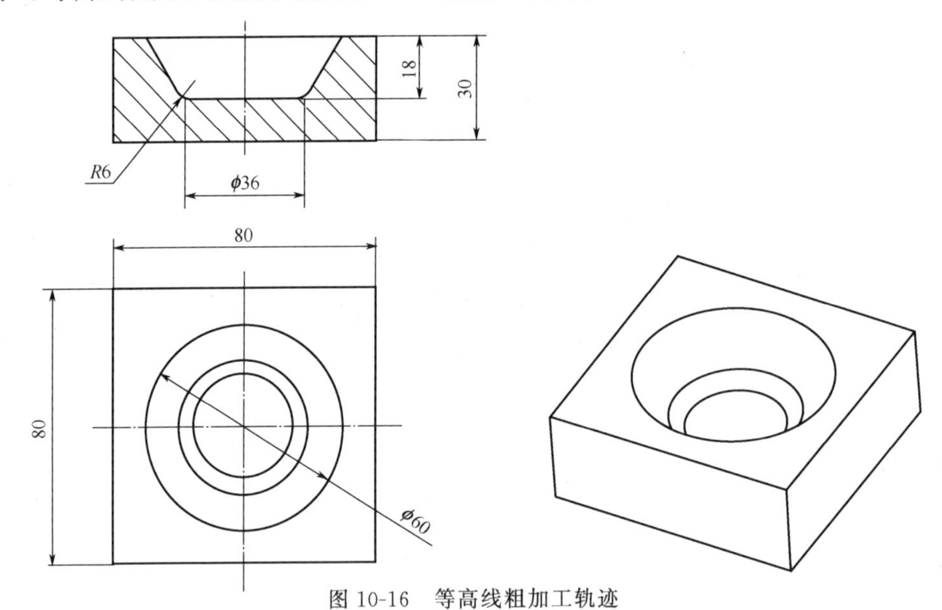

图 10-16 等高线粗加工轨迹

操作步骤：绘制三维模型→设置毛坯→点主菜单“加工”、“常用加工”、“等高线粗加工”→设置加工参数→拾取模型。结果如图 10-17 所示。

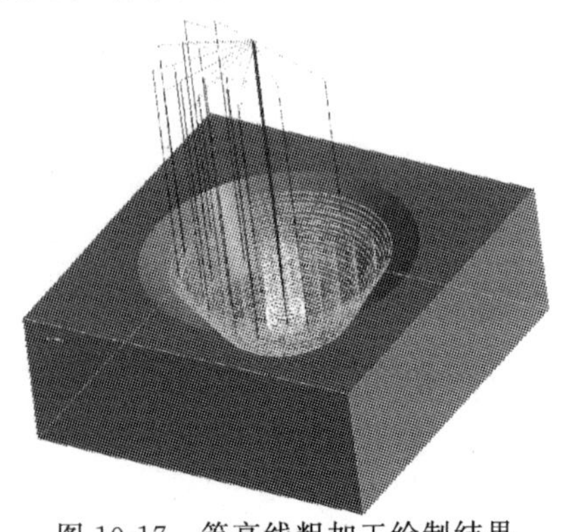

图 10-17 等高线粗加工绘制结果

三、平面轮廓精加工

学习平面轮廓精加工功能并生成图 10-18 的加工轨迹。

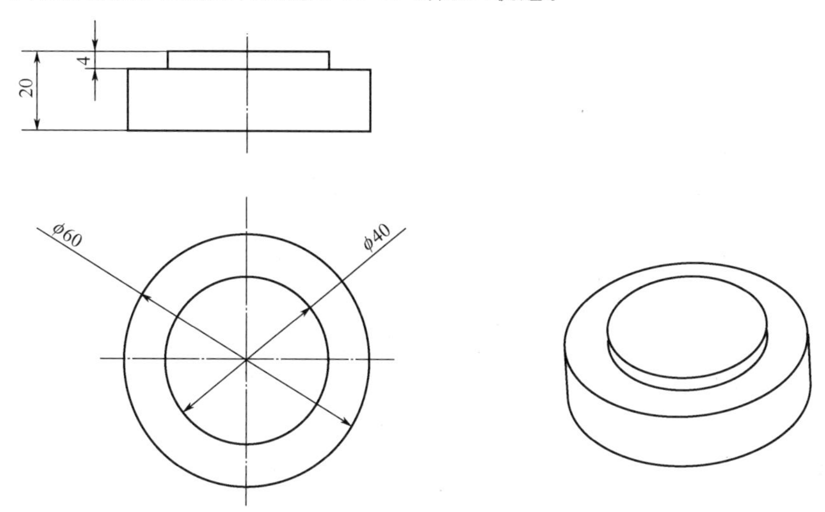

图 10-18　平面轮廓精加工轨迹

操作步骤：绘制二维轮廓→点主菜单“加工”、“常用加工”、“平面轮廓精加工”→设置加工参数（这里加工的深度为 6）→拾取轮廓→拾取曲线搜索方向（曲线的搜索方向与加工偏移方向有关联）。结果如图 10-19 所示。

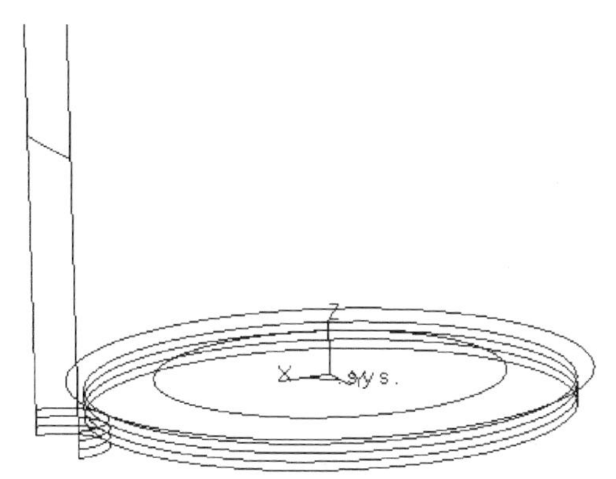

图 10-19　平面轮廓精加工绘制结果

四、参数线精加工

学习参数线精加工功能并生成图 10-20 的加工轨迹。

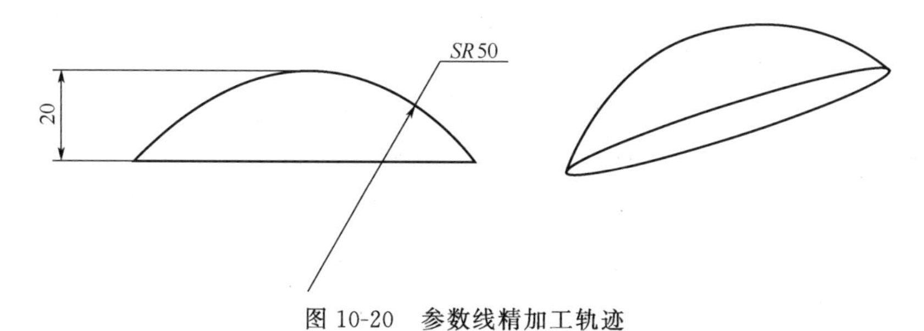

图 10-20　参数线精加工轨迹

操作步骤：绘制曲面（参数线加工只能用曲面来作为加工模型）→点主菜单“加工”、“常用加工”、“参数线精加工”→设置加工参数→拾取模型→拾取加工方向→拾取进退刀点→拾取切削方向→拾取干涉面（如果没有干涉面，直接点鼠标右键）。结果如图 10-21 所示。

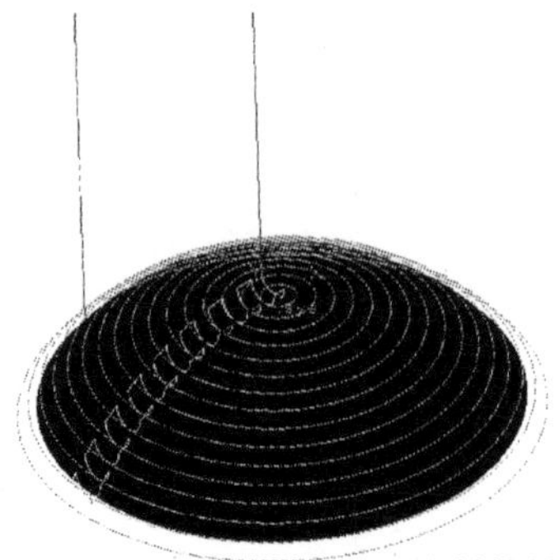

图 10-21　参数线精加工绘制结果

五、等高线精加工

学习等高线精加工功能并生成图 10-22 的加工轨迹。

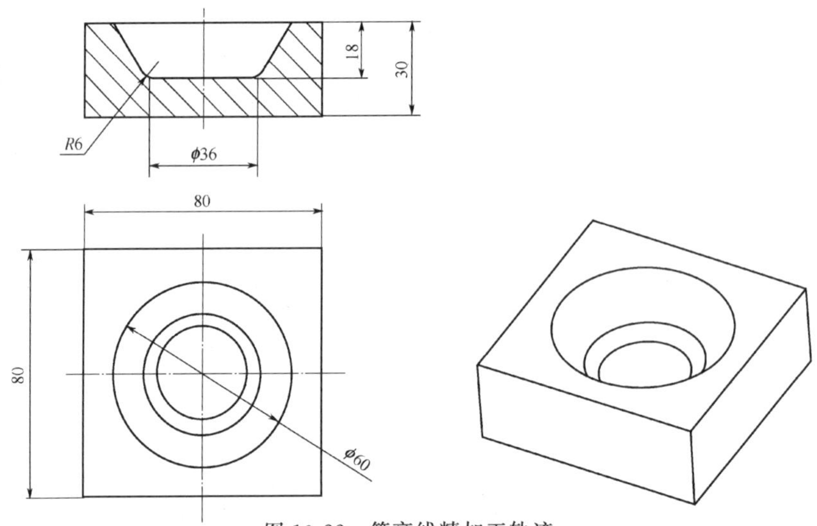

图 10-22　等高线精加工轨迹

操作步骤：绘制三维模型→设置毛坯→点主菜单“加工”、“常用加工”、“等高线精加工”→设置加工参数→拾取模型。结果如图 10-23 所示。

图 10-23　等高线精加工绘制结果

六、扫描线精加工

学习扫描线精加工功能并生成图 10-24 的加工轨迹。

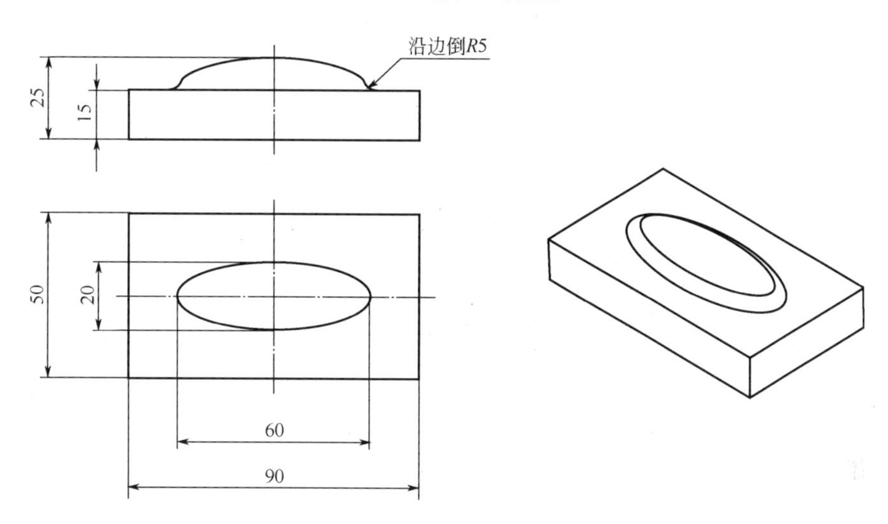

图 10-24　扫描线精加工轨迹

操作步骤：绘制三维模型→设置毛坯→点主菜单“加工”、“常用加工”、“扫描线精加工”→设置加工参数→拾取模型。结果如图 10-25 所示。

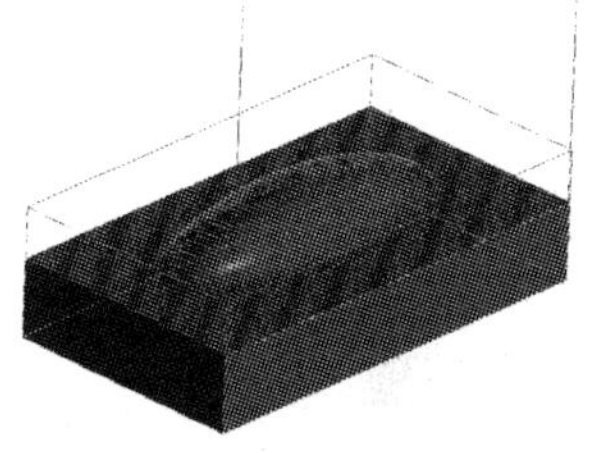

图 10-25　扫描线精加工绘制结果

七、三维偏置精加工

学习三维偏置精加工功能并生成图 10-26 的加工轨迹。

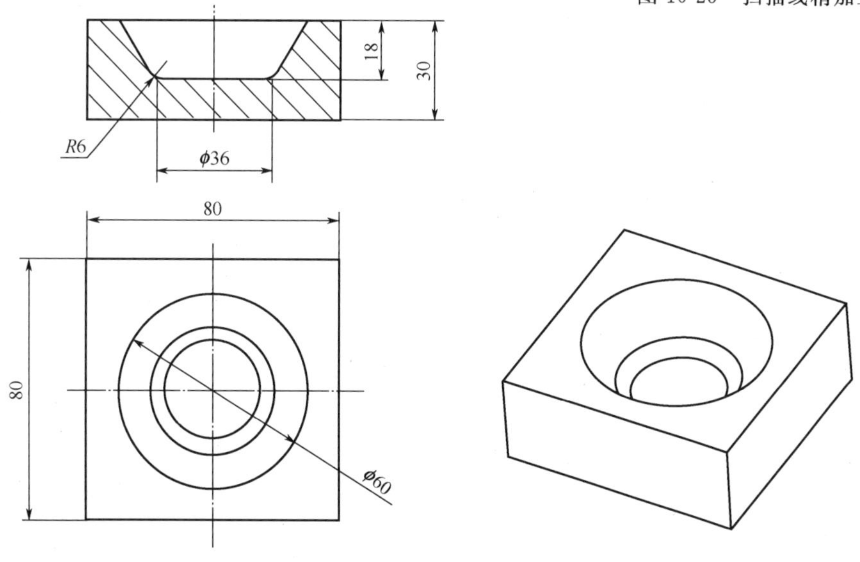

图 10-26　三维偏置精加工轨迹

操作步骤：绘制三维模型→设置毛坯→点主菜单“加工”、“常用加工”、“三维偏置精加工”→设置加工参数→拾取模型→拾取加工边界。结果如图 10-27 所示。

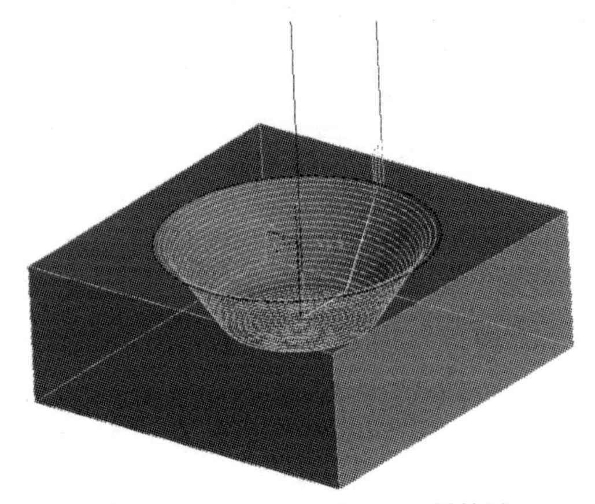

图 10-27　三维偏置精加工绘制结果

八、孔加工

学习孔加工功能并生成图 10-28 的加工轨迹。

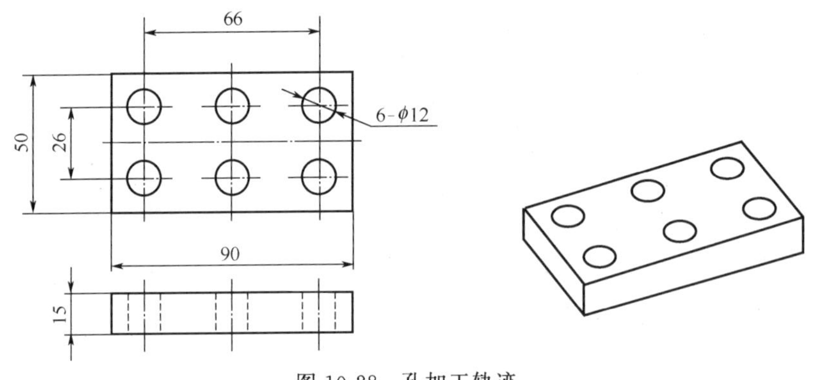

图 10-28　孔加工轨迹

操作步骤：绘制二维轮廓线→点主菜单“加工”、“其他加工”、“孔加工”→设置加工参数（孔加工的加工方式有啄式孔加工、钻孔、镗孔、攻丝等选择）→拾取钻孔点→确定。结果如图 10-29 所示。

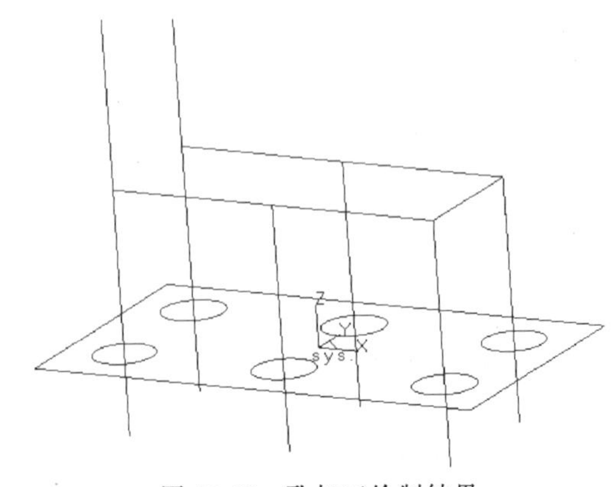

图 10-29　孔加工绘制结果

九、轨迹实体仿真

轨迹仿真就是在三维真实感显示状态下，模拟刀具运动，切削毛坯，去除材料的过程。用模拟实际切削过程和结果来判断生成的刀具轨迹的正确性。

操作步骤：点取“加工”→“实体仿真”菜单项→系统提示“拾取刀具轨迹”→在屏幕上拾取要进行加工仿真的刀具轨迹→按鼠标右键结束拾取→系统弹出轨迹仿真环境，如图 10-30所示。所有加工仿真过程都在这个环境里进行。

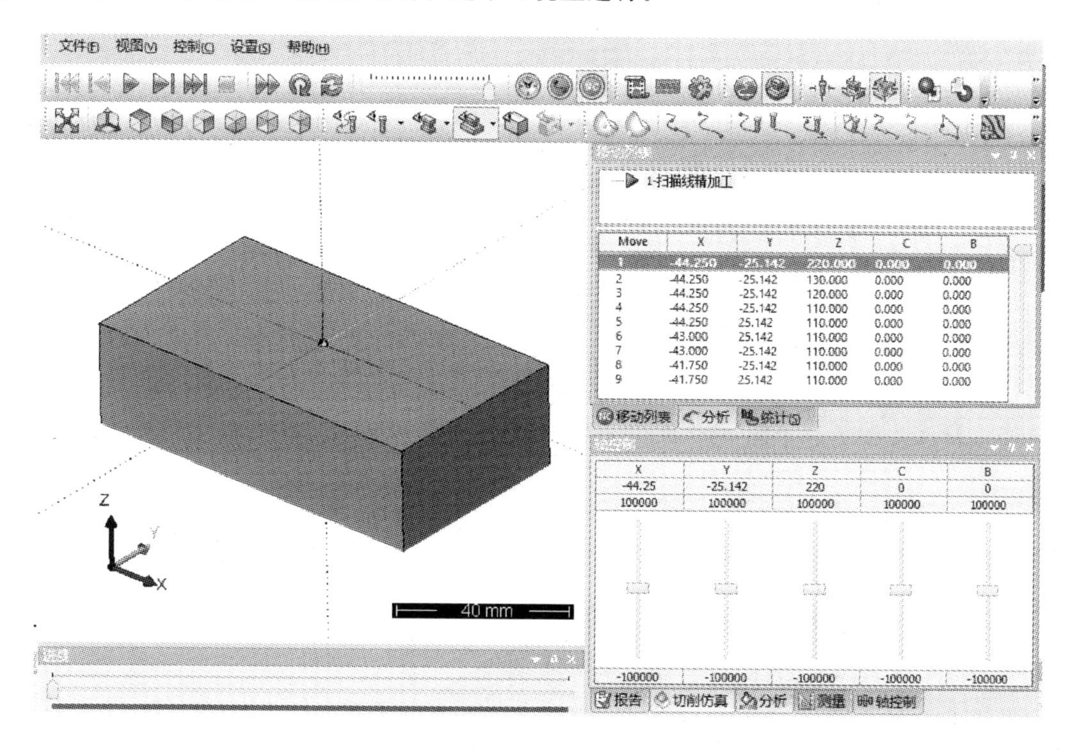

图 10-30　实体仿真界面

点击下列图标执行什么相应的功能？

从不同的视向观察，________。

此工具条从左到右的功能为：____

____。

在实体仿真中如何判断轨迹的正确性？

① 仿真后看模型是否还有欠切。

② 设置 切削仿真 窗口里的干涉查检功能如图 10-31 所示。如果仿真过程中有干涉，在报告窗口能看到干涉的报告，如图 10-32 所示。

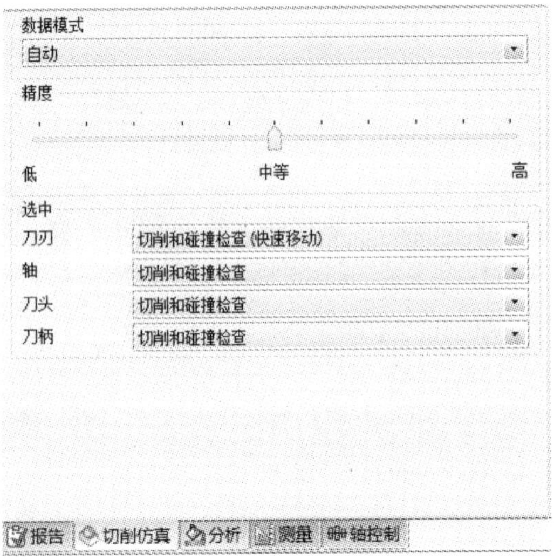

图 10-31 切削仿真窗口

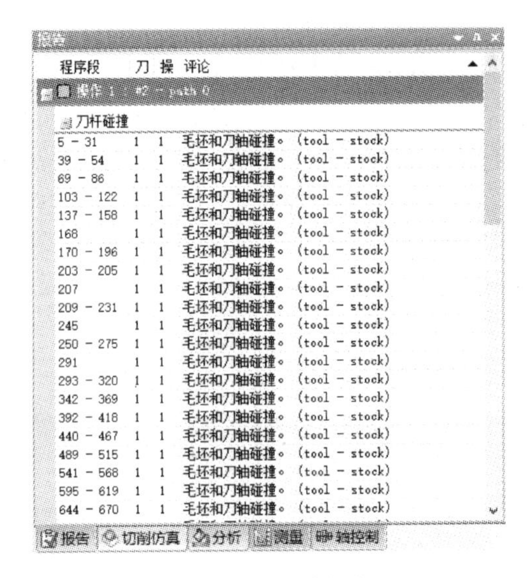

图 10-32 干涉报告

③ 通过模型与切削过的毛坯比较，切削残余量，以对应的颜色区分表示。颜色区分表示的基准值以仿真面板中设定。比较结果，相同形状为绿色，切削残余多为冷色系，切入量多为暖色系。制品形状与毛坯形状的 Z 高相比较，算出残余量。结果如图 10-33 所示。

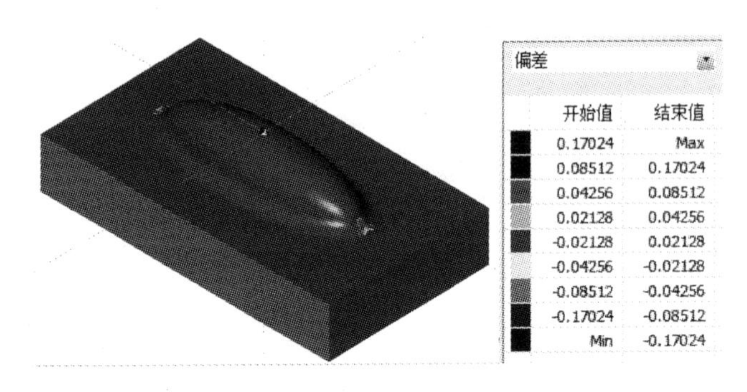

图 10-33 仿真偏差

十、生成 G 代码

后置处理就是结合特定机床，把系统生成的二轴或三轴刀具轨迹转化成机床能够识别的 G 代码指令，生成的 G 指令可以直接输入数控机床用于加工，这是本系统的最终目的。考虑到生成程序的通用性，该软件针对不同的机床，可以设置不同的机床参数和特定的数控代码程序格式，同时还可以对生成的机床代码的正确性进行校核。后置处理模块包括后置设置、生成 G 代码、校核 G 代码和生产工艺清单功能。

学习生成 G 代码功能，并把一个加工轨迹的 G 代码输出为 NC0001. NC。

十一、评价

根据本次活动情况，完成表 10-3 中“学生自评”项目。

表 10-3　学习过程评价表

评价项目及标准		配分	评分标准	学生自评	教师评分
职业技能	能否利用网络学习	10	利用网络学习程度		
	掌握常用的加工功能	30	会生成各类加工轨迹		
	了解各加工功能的参数	10	掌握主要加工参数		
	掌握轨迹仿真检验功能	10	会进行轨迹仿真检验		
	掌握G代码生成功能	10	会生成G代码		
职业素养	出勤情况	10	1. 满勤:10分 2. 旷课1节或迟到(早退)2次以下:5分 3. 旷课1节或迟到(早退)2次以上:0分		
	遵守课堂纪律情况	10	能严格遵守课堂纪律:10分,能基本遵守课堂纪律:5分,不能遵守课堂纪律:0分		
	1. 计划落实情况,有无提问与记录 2. 是否主动参与情况	10	能按计划操作,能主动参与5～10分		
核心能力	1. 能否认真思考 2. 是否使用基本的文明礼貌用语 3. 能否自我学习及自我管理	10	能认真思考,文明礼貌,自我学习,自我管理:5～10分		
合计		100	总分		

参 考 文 献

[1] 姜军，姜勇. AutoCAD 2008 中文版机械制图应用与实例教程. 北京：人民邮电出版社，2008.
[2] 姬彦巧. CAXA 制造工程师 2011 实例教程. 北京：北京大学出版社，2012.